低油又好吃！

空气炸锅料理 轻松做

超省油，轻松炸！

油炸、煎烤、蒸煮、烘焙，一锅多用，外香里嫩！
网络高人气食谱集合

徐湘珠　萧秀珊　施宜孝

著

U0173577

海峡出版发行集团
THE STRAITS PUBLISHING & DISTRIBUTING GROUP | 福建科学技术出版社
FUJIAN SCIENCE & TECHNOLOGY PUBLISHING HOUSE

有了空气炸锅，新手也能快速上手！

我是"气炸锅好好玩－食谱分享社"脸书社团的管理员 Hsiao Annie，终于马不停蹄地忙完了食谱制作与拍摄工作，有机会可以通过这篇序，让大家对我们以及这本食谱书有更深入的了解。

当城邦出版社找到我们社团，希望我和团长徐湘珠能够一起出食谱书时，社团还刚在萌芽、十分热闹的阶段，机缘巧合下我们结识了社友施宜孝，我们三人也不知从哪儿借来的胆，一口答应了出版社，并着手开始处理食谱研发与制作的工作。

答应出版这本食谱书，是希望大家在刚开始接触空气炸锅时，就能够快速上手，所以食谱中制作每一道菜的时间与温度，都是我们亲自使用空气炸锅不断测试出来的！只要读者们依照食谱上的流程制作，一定能做出各式各样美味的菜。从基础的炸物到较繁复的热炒，乃至各式创意料理，以及甜点、佳肴，都可从这台小小的空气炸锅中变化出来。并且大家通过这本书，可以省去练习的时间。

我与空气炸锅的缘起，是在妹妹的家中。当时她轻松优雅地端出几大盘炸薯条、炸"甜不辣"、炸鸡块、炸鱼块，而且完全不见动到油锅，也没有满头大汗，真是让我惊艳不已！重点是这些通过空气炸锅所料理出来的炸物，吃起来完全不油腻，也不像传统油炸的方式，使用大量的炸油，最后却又不知如何处理废油。

而且通过空气炸锅所料理出来的炸物，一口咬下，口感清爽，身体没有负担，对想减脂的女生，以及想要吃得健康、不油腻的现代人来说，这样的料理方式是很好的选择！我想，大家吃到空气炸锅料理出来的食物后，都只会有一个动作，就是立马打开手机购买一台搬回家！对空气炸锅原本存有满脑子的疑虑，都在吃到料理这瞬间抛到九霄云外去了。

空气炸锅不单能做简单的速食炸物，还能延伸至各种创意料理，它还拥有小型旋风烤箱的功能，让大家在家随时都能做一些小甜点或蛋糕点心。小家庭的成员们一起动手做，还能一起享受烹调与烘焙的乐趣。

你会发现，有了空气炸锅后，做菜可以变得十分轻松有趣。对煮菜一窍不通的朋友们，依照这本食谱书的制作流程，按步操作，都能马上变成快乐小厨师或小厨娘，制作出让亲友惊呼连连的菜肴！希望大家买下这本食谱书之后，都能够做做看里面的每一道料理，一起快速成为气炸高手！最后，也欢迎读者们加入我们社团，与我们一起互动喔！

空气炸锅热炒料理超神奇！

当我向你推荐这本书时，你一定有所疑问？这本书有什么特色，在众多的食谱中，它是否有购买的价值，还是只有一堆食物的照片，如果你有这样的顾虑，那我要很诚实地回答你，这本食谱书最大的特色就是"贪心"。

我们很贪心地想用最简单的工具，完成最多的烹饪程序，你只要准备一台空气炸锅，然后买这本书，那么从正式的宴席、亲友聚餐，到居家的私房菜，都能全部搞定，更令人惊讶的是还能做出专业的水准。企图只用一个空气炸锅跟一本书，来完成各种复杂工序，你说我们是不是很"贪心"。

也因为这原因，在食谱设计时，我强调过程的优雅性，让使用者随着本书操作，可以轻松悠闲地做出各式的佳肴，不但不会像在传统厨房里般汗流浃背，还能展现出操作者从容的气质。其中我延伸开发出的热炒系列食谱，最适合国人的饮食习惯，这也扩大了空气炸锅的使用范围。总之我希望你在家常的日子里，都能快速、轻松做出变化多端又美味的菜肴，让每个下厨的人都能像王子公主般幸福快乐。

这本书中的百来道食谱，都经过作者反复地实际操作，读者只要按照说明，就能做出可口的菜肴。我们有宴客的大菜、地方风味的热炒、方便迅速的便当料理、简单亲民的家常小吃、优雅浪漫的甜品，所有你所需要的，我们都很贪心地为你设想到了，只要轻轻一按空气炸锅，就能省时省力快速上桌！一起体验空气炸锅料理的魅力吧！

陈湘吟

意想不到的创新气炸料理上桌！

首先感谢社团版主们的邀请，让我们共同筹划了这本书。

平日都是三五好友来聊天聚餐，在各种建议以及交流碰撞之后才有一点料理心得。每每觉得做出了让自己感动的料理，就会迫不及待地分享做法以及料理照片与网友们讨论，借此也能激发出更多的想法与创意。

一开始烹饪对我来说只是单纯地想做菜给家人吃，希望能在分享美味之余也能兼顾健康。每每看着做出的食物全部被吃光，心里就有莫大的成就感。追求料理的细节是我一贯的坚持，所以我的厨房里堆满了大大小小的锅碗瓢盆，以及各种奇特的调味料。拥挤到爆炸的厨房，也常常引起家人的不满。

投入料理的世界之后，我也会开始研究各种不同的烹饪器具。从煤气灶、微波炉、烤箱、电饭煲等基本设备，进阶到铸铁锅、食物料理机、面包烤箱、炭烤台、低温慢煮机、烟熏枪、真空包装机等高阶器具，后来接触到的空气炸锅更是让我为之惊艳！空气炸锅料理的精髓就是方便省时。以往使用烤箱都得先花时间预热，然而空气炸锅到达理想温度非常快速准确，也因此可以应用到其他的烹饪领域上。

这本食谱书累积了我们三位作者对于空气炸锅的料理心得，每一道菜都重复做过好几次，以确保读者在亲自操作时有较高的成功率。希望各位也可以享受料理，爱上料理，轻松地做出美味又健康的菜肴。

施宜孝

目　　录

1

省时料理

2

热炒料理

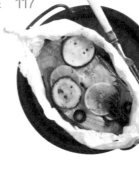

空气炸锅全图解

如果说微波炉是上世纪最具革命性的厨具，那本世纪初，最让人惊艳的非空气炸锅莫属了！"空气炸"利用热辐射和热风循环的原理，利用顶部的电热管为锅内食物加热，再通过热风循环使得加热效果达到完全均匀，产生类似"油炸"的效果。而这几种听似简单的原理，经过巧妙的组成，便形成了一款神奇的产品。

就中国人的饮食习惯而言，微波炉是不足以应付中餐烹饪要求的，尤其是炸、炒、烤、煎、烘焙这几种烹饪方式，但这些难题现在竟能在一台小机器上完成，甚至操作更容易，成品更完美，食用上也更健康。最让人欣喜的是价格很亲民，空气炸锅甚至要比一般煤气炉便宜许多。只要一台空气炸锅，就能解决煎、烤、炸、炒，还能做饼干、蛋糕、面包，最让人兴奋的是使用者完全不需要厨艺训练，只需依照食谱备料、放料，按下开关，空气炸锅就能全程自动操作。像这种使用方便安全、操作简单、上菜快速、功能全面的厨具，连我都怀疑是外星人的高科技产品，说它是本世纪初最神奇的厨房产品，相信您使用后也会同意的。

热电管及风扇

位于炸篮上方，本机采用九叶风扇急速加热，可快速全方位均匀受热，使食物各处熟透。

触控式 LED 温度／时间控制面板

温度触控面板，精准控制温度及时间（0 ～ 30 分钟定时 ／ 80 ～ 200℃调温），并有七种基本菜单选择。

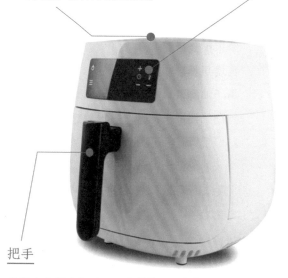

外锅

食品级不粘锅陶瓷涂层，深 12cm，可承接滤出的油脂，也可直接使用。

炸篮

可拆式专属炸篮，具备顶级防粘涂层，可避免许多类型食物沾黏，底部孔洞设计，可滤出多余油脂。

把手

外锅本身附有把手，可直接使用，炸篮另附可活动拆解式把手，方便取用。

空气炸锅料理秘诀

本书食谱皆是经过多次反复测试后编写而成的，以下是使用空气炸锅制作料理时的重点技巧，让你更得心应手地料理食材！

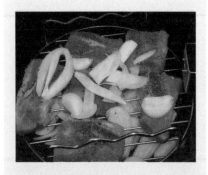

食材尽量平铺不重叠

食材平铺不重叠炸制时受热才会更均匀，若使用双层烤架，则要观察底层食材熟成状况，可能取出上层食材后，底层食材还需多炸数分钟。

料理过程中，建议多次确认食材的熟成状况

在实际操作上，炸制的温度与时间还是要斟酌调整，因食材的多寡亦会影响炸制的熟成度，若新手操作时觉得无法完全掌握，建议可以在炸制的过程中，直接将炸篮拉出观察食材熟成度，相信多几次的操作，就能快速上手。

热炒料理适合在外锅制作

烘焙料理适合在炸篮内制作

空气炸锅的炸篮及外锅升级使用

现在多数的空气炸锅皆可将炸篮拆除，直接使用空气炸锅外锅，容量也比较大；但拆除炸篮使用，会影响气炸热旋效果，料理时需判断菜色是否适合直接使用外锅。一般来说热炒料理会比较适合，若是烘焙料理及炸物料理建议还是在炸篮内，受热会比较均匀。

空气炸锅必备配件

双层烤架

可以将食材分两层不重叠地摆放，增加烹饪空间。一次烘烤的量比较多时，要注意时间和温度皆须微调。

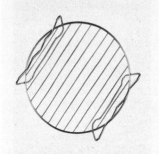

多功能食物硅胶夹

翻动夹取食物的最佳小工具，夹头采用可耐热240℃的硅胶材质。由于目前空气炸锅内锅炸篮及配件多为不粘材质，这就成为了操作热炒料理，或是翻动食材时的最佳帮手，比较不易刮伤不粘涂层。

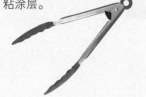

烘焙纸

烘焙纸分为有洞纸和无洞纸，烘焙纸包料理时需使用无洞烘焙纸。若炸制肉类需要将油脂沥出，或者制作烘焙料理需要热循环良好时则使用有洞烘焙纸。

不锈钢串烧叉

方便做串烧料理，如蔬菜肉串或者烤鱼，亦可搭配双层烤架使用（参考第108页盐烤香鱼）。

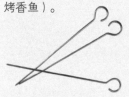

不锈钢材质容器或炸网

标示304或316的不锈钢材质容器或炸网皆可安心放入空气炸锅使用。

隔热硅胶手套

空气炸锅使用后温度很高，使用一些隔热小工具拿取，才不会被烫伤。

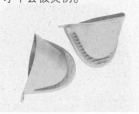

量匙

本书使用的计量单位为标准量匙，以水为例单位如下：

1大匙（T）=15g=15ml

1小匙（t）=1茶匙（t）5g=5ml

1/2小匙（t）=1/2茶匙（t）=2.5g=2.5ml

1/4小匙（t）=1/4茶匙（t）=1.25g=1.25ml

若有粉类或者干货类食材，则以标准量匙的平匙为准。

硅胶油刷

做烘焙料理时上蛋液或糖浆，或在烤盘容器上涂刷油脂防粘等，使用硅胶刷较方便。

烘烤锅

多为不粘材质，是制作水分较多料理的好帮手，例如麻婆豆腐，亦可用来烘蛋、烤蛋糕等。

烘烤盘

类似烘烤锅，多为不粘材质，可以用来烤披萨或甜咸派皮料理。

耐热保鲜盒或陶瓷耐热器皿

标示耐热400℃的玻璃材质保鲜盒，或标示烤箱可用耐热器皿皆可作为料理容器使用。家用的一般陶瓷碗盘，若无法确认，建议不要使用，部分陶瓷碗盘上面可能有上漆，不一定适合高温烹调。

喷油瓶

补充油分的小工具，使用喷油的方式，一来降低油分摄取，二来油分补充较为均匀。

硅胶刮棒

用于搅拌食材或将锅边酱料刮下，可选择耐热及弹性较好的刮棒，使用上会更便利。

打蛋器

用来打发鸡蛋、奶油霜，或搅拌酱料面糊使其均匀软化。若是需要完成蛋糕中的打发步骤，建议使用电动搅拌器更方便快速。

电子秤

选择至少精确到1g的厨房用电子秤，协助精准测量食材重量。

空气炸锅料理好搭酱料

热炒备用酱料 可以用中小火煮滚后放凉冷藏，皆可保存 7 ~ 10 天，冷冻可保存 1 个月，一次做好中等分量的酱料，可以制作 3 ~ 5 道菜，省时又方便。

韩式辣椒酱

橄榄油 2 大匙
洋葱碎 30g
清酒 60ml
韩国辣椒酱 100g
番茄酱 200g　　果糖 20g
黑糖 30g　　苹果泥 20g

青酱（使用料理机或果汁机打碎成泥）

九层塔叶（或罗勒叶）100g
松子 40g
橄榄油 50 ~ 80ml
帕玛森芝士粉 2 大匙
蒜头 3 瓣
盐适量
黑胡椒粉适量

三杯酱

麻油 100ml
米酒 100ml
酱油 50ml
酱油膏 50ml
白砂糖 5g
白胡椒粉 5g

糖醋酱

梅粉 5g
番茄酱 100ml
白砂糖 100g
白醋 100ml

宫保酱

白砂糖 5g
白胡椒粉 5g
酱油 100ml
米酒 100ml

百搭蘸酱

红酒酱

热锅后将洋葱炒至半透明，加入所有材料炒匀后，再用料理机打成酱汁。

橄榄油 2 大匙　　伍斯特酱 1 小匙　　盐少许
洋葱碎 2 大匙　　黄油 1/2 大匙　　黑胡椒少许
番茄糊 1 大匙　　蒜末 1 小匙
红酒 1 大匙　　辣椒碎 1 小匙

日式猪排蘸酱

酱油 20ml
番茄酱 50ml
白砂糖 20ml
酱油膏 30ml
乌醋 50ml
味淋 30ml
水 20ml

炸卷蘸酱

豆腐乳 1 大匙
海山酱 *2 大匙
白砂糖 1 小匙
味噌酱 2 大匙
番茄酱 1/2 大匙
苹果泥 10g
蜂蜜 1 小匙

五味蘸酱

番茄酱 50ml
酱油膏 25ml
泰式辣酱 10ml
蒜蓉辣椒 15ml
白砂糖 5g
白醋少许
胡椒粉少许

美乃滋／酸奶蘸酱

美乃滋或酸奶质感润滑顺口，搭配各种果酱或者辛香料，可成为各种风味的蘸酱。

草莓酸奶蘸酱

无糖酸奶 3 大匙
草莓果酱 1 大匙

香蒜美乃滋蘸酱

美乃滋 3 大匙
气炸蒜片 5g
帕玛森芝士粉适量

蜂蜜柠檬美乃滋

美乃滋 3 大匙
柠檬汁 1 大匙
白砂糖 1 小匙
柠檬皮屑适量
蜂蜜 1 小匙

编者注：* 台湾小吃的传统酱料，咸甜带辣。

空气炸锅问与答

Q 请问我该如何挑选适合的空气炸锅呢?

除了挑选自己喜欢的造型与适合的容量之外,首先要考量的是家电用品的"安全性"!

Q 我终于拿到空气炸锅了,可以教我怎么开锅吗?

许多刚入门的朋友,一开始拿到空气炸锅时常常不知该怎么使用,第一件事就是询问开锅,一般空气炸锅都可用空烧200℃、10分钟的方式去除新机的味道,也有些会选择购买凤梨、柳橙、柠檬、柚子皮等具香气的水果,放入炸锅中以200℃、10分钟烤出水果的精油香味。空烧完毕后,等待炸篮退温,再以清水冲洗干净,就可以正式启用!

Q 空气炸锅炸篮与外锅好清洗吗? 里面的上方加热管(俗称蚊香)又该如何清洁?

一般空气炸锅在炸过高油脂的食物后,常会粘附上食物残渣,建议使用后,先以温热水浸泡空气炸锅的内外锅,待热水溶解油污之后,再以软海绵沾些洗洁精,轻轻刷洗,就可以很简单地完成清洁的工作。

蚊香的清洁,可以每个月1~2次,将机身倒放,用海绵牙刷或细刷等清洁工具沾少许中性清洁液,轻轻刷洗后,以热抹布擦拭掉油污即可继续使用,但请勿自行拆装机器,以免影响到保修的权益!

锅折角的部分和螺丝处容易产生锈痕,清洗锅具后,需将水分擦拭干净,再以120℃烘3~5分钟烘干。

Q 除了空气炸锅本身之外,还需要加购其他配件、容器或手把使用吗?

基本上,可以放入烤箱的器皿,都可以放进空气炸锅中使用的。除了市售的空气炸锅专属配件或304不锈钢材质的配件之外,也可以选用耐热玻璃容器,但选择放入空气炸锅的玻璃保鲜盒,必须挑选耐热400℃以上的,以防止高温加热时破裂。

Q 用空气炸锅炸制食物时到底要不要喷油呢?

这要看炸的是什么食材喔! 一般不含油脂的食材,就需要喷油,炸起来比较不易干柴,例如蔬菜类、豆腐类、鸡胸(不含油脂)、裹炸粉的食材等,喷油后炸起来口感会较酥脆;其他含高油脂的食材,如鸡腿、香鱼、鸡块、薯饼等,就不需再另外喷油。

Q 请问空气炸锅可以随时拉出来看食物的熟度吗？

不同品牌的空气炸锅其功能也不相同，但目前市面上大部分空气炸锅设计了断电安全防护系统，所以炸到一半随时拉出来看食物的熟成度或是翻面再炸，都是没有问题的，而且机器会记忆时间，继续完成炸制工作。

Q 空气炸锅炸制的时间最长可以是多久？时间太久机器会过热吗？

在系统设定范围内的时间和温度，都是机器可以承受的范围。建议使用 60 分钟后，停止 10 分钟，让机器稍微降温，再炸下一道菜。

Q 空气炸锅容易产生油烟吗？料理后是否会残留气味呢？如何处理？

空气炸锅与旋风烤箱的设计原理类似，通过上方的隐藏式发热管与风扇，产生热风，并利用空气炸锅的密闭空间产生热对流的作用，加速食物均匀熟成。正常使用是不会产生油烟的，只会有食物的香气从散热孔飘出。有时候产生油烟，可能是温度一开始调得过高，造成部分油脂较多的食材的油脂喷到上方的发热管，造成油烟的状况。遇到这种情况，可以先暂停炸制，待机器降温后，用温热的抹布将上面的"蚊香"擦拭干净，再重新启用。

料理某些较有腥味的食材，例如鱼类、海鲜类时，可能会在空气炸锅中留下气味，可在炸海鲜的同时，于锅内放置柠檬一起炸，不仅可以增添海鲜的风味，也能同时降低气味残留在炸锅的可能性。

Q 空气炸锅的炸篮，为什么使用一段时间后就会开始沾黏呢？

空气炸锅的不粘涂层制作原理与不粘锅类似，属于消耗品，因此请尽量避免使用粗面的百洁布刷洗，这样容易伤害涂层，也容易缩短涂层的使用寿命。

烹调完毕时，请用温热水浸泡锅具，通过热水让油脂分离后，再用软海绵与中性清洁液清洗。若沾黏状况较严重，可以于锅中倒入小苏打粉，用热水浸泡，静置一晚再清洗。

建议在使用时也可以搭配烤布、烤网、烘焙纸等，减少食材在烘烤时沾黏炸锅的机会，料理完毕也较容易清洁。

食材炸制时间表

▌ 肉类 ▌

食材	温度／时间
香肠	180℃ 8 分钟（5 分钟翻面）
小鸡翅	180℃ 12 分钟（8 分钟翻面）
冷冻鸡腿	180℃ 20 分钟（10 分钟翻面）
冷冻骰子牛	180℃ 5 ~ 7 分钟（视自己喜欢的熟度调整）
冷冻鸡柳条	180℃ 10 分钟，翻面 200℃ 2 分钟
盐酥鸡	180℃ 6 分钟，翻面 200℃ 5 分钟
大热狗	170℃ 8 分钟（4 分钟翻面）
市售炸鸡冷藏回温	180℃ 4 分钟
咸猪肉	180℃ 8 分钟，翻面 200℃ 4 分钟
炸腌排骨	180℃ 8 分钟，翻面 200℃ 5 分钟
烤鸭胸	160℃ 7 分钟，翻面 180℃ 5 分钟
三角软骨	200℃ 8 分钟，翻面 200℃ 8 分钟
盐渍鸡胸	泡盐水，180℃ 15 分钟（8 分钟翻面）
松阪猪肉	180℃ 8 分钟，翻面 200℃ 5 分钟
酥炸田鸡	田鸡裹酥炸粉，180℃ 15 分钟（10 分钟翻面）

▌ 海鲜 ▌

食材	温度／时间
冷冻鲭鱼排	180℃ 8 分钟，翻面 200℃ 5 分钟抢酥
乌贼	180℃ 5 分钟（3 分钟翻面）
生干贝	170℃ 5 分钟，翻面 200℃ 3 分钟
白虾	180℃ 8 分钟（6 分钟翻面）
去壳虾仁	160℃ 6 分钟（3 分钟翻面）

生蚝	180℃ 8 分钟
凤螺	180℃ 12 分钟（6 分钟翻搅）
整只鱿鱼	180℃ 8 分钟（4 分钟翻面）
冷冻三文鱼	160℃ 10 分钟，翻面 180℃ 5 分钟
冷冻鲅鱼片	需退冰，180℃ 10 分钟
炸冷冻鳕鱼	需退冰，180℃ 10 分钟，翻面 200℃ 3 分钟
蛤蜊	200℃ 10 ~ 15 分钟
虱目鱼肚	180℃ 10 分钟，翻面 200℃ 3 ~ 5 分钟
鱼下巴	160℃ 20 分钟，翻面 200℃ 5 分钟
罗非鱼	抹盐，180℃ 15 分钟，翻面 200℃ 5 分钟

点心

食材	温度 / 时间
苹果干	苹果切薄片，100℃ 1 小时
冷冻薯条	180℃ 15 分钟
冷冻水煎包	需退冰，200℃ 5 分钟
糯米肠	180℃ 10 分钟（8 分钟翻面）
花枝丸	180℃ 8 分钟（4 分钟滚动翻搅）
冷冻薯饼	180℃ 12 分钟（6 分钟翻面）
烤脆皮吐司抹花生酱	170℃ 4 分钟
冷冻月亮虾饼 1 块	不退冰。180℃ 16 分钟（8 分钟翻面）
韩式年糕	160℃ 6 分钟（4 分钟翻面）
银丝卷	200℃ 3 分钟，淋上炼乳

豆干	180℃ 7 分钟（4 分钟翻面）
棉花糖	180℃ 3 分钟
烤饭团	180℃ 15 分钟（8 分钟翻面）
虾饼	200℃ 3 分钟
马铃薯片	马铃薯切片，余烫 30 秒，180℃ 25 分钟，撒椒盐

蔬菜

食材	温度 / 时间
杏鲍菇	160℃ 10 分钟（5 分钟翻面）
炸南瓜片	180℃ 10 ~ 12 分钟（5 ~ 6 分钟翻面）
玉米笋（不去壳）	180℃ 12 分钟（5 ~ 6 分钟翻面）
茭白（不去壳）	180℃ 12 分钟（5 ~ 6 分钟翻面）
炸蘑菇	180℃ 6 分钟（3 分钟翻搅）
花菜 1/2 棵	包铝箔纸，180℃ 20 分钟
四季豆	160℃ 10 分钟（5 分钟翻搅）
栉瓜	160℃ 8 分钟（4 分钟翻面）
茄子	160℃ 5 分钟，翻面 180℃ 3 分钟
香菇	160℃ 10 分钟（5 分钟翻搅）
小黄瓜	180℃ 10 分钟（5 分钟翻搅）
秋葵	180℃ 7 分钟（3 分钟翻搅）
金针菇	包铝箔纸，180℃ 8 ~ 10 分钟
上海青	加少许水，180℃ 7 分钟（3 分钟翻搅）
胡萝卜条	胡萝卜切成条状，抹油，200℃ 15 分钟（5 分钟翻搅一次）

1

省时料理

130℃
25 分钟

RECIPE 01

香酥蒜片

材料（2 人份）

蒜头约 200g
橄榄油适量（喷油用）

调味料
玫瑰盐适量
现磨黑胡椒适量

做法 ────

1. 将蒜头剥好，切片备用。

2. 将切片好的蒜片平铺在炸网上，以喷油瓶均匀喷上一层薄油。

3. 单面撒上玫瑰盐与现磨黑胡椒，以 130℃烤 25 分钟即可。

Tips

1. 烤好的蒜片用餐巾纸或是吸油纸稍微轻压，可以让蒜片更清爽酥脆。

2. 蒜片可以多烤一点放保鲜盒冷藏备用，要用时以 200℃烘烤 2 分钟。

RECIPE 02

焗香杏鲍片

150℃
20 分钟

材料（2 人份）

杏鲍菇约 200g
百里香少许
橄榄油适量（喷油用）

调味料
玫瑰盐适量
粗粒黑胡椒适量
七味粉 * 适量

编者注：* 又称七味唐辛子，
是日本料理中一种混合了辣
椒与其他六种不同香料的混
合香料。

做法 ————————

1. 将杏鲍菇擦干净，切片备用。

2. 在炸锅内放入炸网，将切好片的杏鲍菇平铺上去，以喷油
   瓶均匀喷上一层薄油。

3. 单面撒上玫瑰盐与现磨黑胡椒，以 150℃烤 20 分钟即可。

4. 摆盘后撒上少许的七味粉、摆上百里香。

Tips　买来的杏鲍菇不用冲洗，用餐巾纸擦拭干净即可，避免
　　　流失菇类的风味。

200℃
3▸3分钟

炸鸡蛋豆腐

材料（2人份）

鸡蛋豆腐 1 盒	调味料
鸡蛋 1 个	玫瑰盐
低筋面粉适量	
面包糠 1 杯（约 350ml）	
咸蛋黄 1 个	
橄榄油适量（喷油用）	

做法 —————————————————————————————

1. 将鸡蛋豆腐切成正方形。

2. 每个鸡蛋豆腐先裹上一层薄面粉，等返潮。

3. 在鸡蛋液里撒上少许玫瑰盐，用豆腐沾取鸡蛋液，再放到铺满面包糠的盘子，让整盘鸡蛋豆腐都均匀包覆上面包糠。

4. 将豆腐放入炸锅中，使用喷油瓶在表面均匀喷油，以 200℃烤 3 分钟，拉开翻面喷油再烤 3 分钟。

5. 将咸蛋黄用煎锅炒到有些冒泡泡就可以起锅，配着鸡蛋豆腐吃，咸香好滋味。

 Tips

1. 炸得香酥的鸡蛋豆腐要趁热吃，口感更酥脆。

2. 烤豆腐类的食材时，为避免粘锅，可以使用不粘烤网。

180℃
10 分钟
∨
200℃
2 分钟

RECIPE 04

炸鸡块

材料（2 人份）

鸡块 8 ~ 10 块

调味料
白胡椒盐
番茄酱

做法 ————————————————————

1. 准备冷冻鸡块 2 人份约 8 块，不需要退冰。

2. 将鸡块放入炸锅以 180℃烤 10 分钟，翻面后再以 200℃烤
   2 分钟。

3. 撒上白胡椒盐、淋上番茄酱就很美味！

170℃
4▶4 分钟
200℃
2 分钟

RECIPE 05

卡滋酥炸水饺

材料（2人份）

冷冻水饺 12 个
橄榄油适量（喷油用）

做法 ——————————

1. 将水饺从冷冻室中取出，放入水中沾湿，去除表面结冰水
   分（滤掉水），再用喷油瓶均匀地喷上一层油。

2. 将水饺一个个摆在空气炸锅的炸篮内，避免沾黏。

3. 以 170℃烤 4 分钟，拉开翻面，均匀喷油后再烤 4 分钟。

4. 以 200℃烤约 2 分钟，炸到表面金黄即可。

Tips 炸到香酥的水饺，外皮香脆像饼干，可当下午茶小点心
食用。

180℃
6▸4 分钟

RECIPE 06

甜不辣

材料（1 人份）

甜不辣 *

调味料
黑胡椒粒或胡椒盐适量
酱油膏或甜辣酱

编者注：* 将鱼肉打成浆，加
淀粉等配料制成条形或饼状，
再炸制而成。

做法 ————

1. 将甜不辣放进空气炸锅，以 180℃炸 6 分钟，拉出来翻面
   后继续炸 4 分钟即完成。

2. 刚炸好的甜不辣膨松湿润，用剪刀剪成条状，撒上黑胡椒
   粒或胡椒盐，搭配酱油膏或甜辣酱食用就是一道好吃的小
   点心。

 Tips

1. 使用烤布可以预防食材沾黏在炸篮上！

2. 市场购入的甜不辣，用空气炸锅很容易处理，平常可
   冰在冷冻室中，想吃时再拿出来炸，步骤 1 的温度与
   时间适用于炸制冷冻甜不辣。

RECIPE 07

温泉蛋

100℃
8 分钟

材料（1 人份）

鸡蛋 1 个

调味料
鲣鱼露 * 少许
清酒少许
七味粉少许
酱油少许
香菜少许

做法 ——————————————

1. 将冷藏鸡蛋放入空气炸锅中，以 100℃烘烤 8 分钟。

2. 将烘烤后的鸡蛋打入碗中，把所有调味料加入即可。

(Tips) 各品牌空气炸锅火力不尽相同，视情况可增减 1 ~ 2 分钟。

编者注：* 日式酱油露，口感咸甜适中，甘甜鲜美。

180℃
约 30 分钟

RECIPE 08

烤三色地瓜

材料（2 人份）

板栗地瓜或红地瓜 1 条

黄地瓜 1 条

紫薯 1 条

做法 ——————————————————————————

1. 烤地瓜用空气炸锅也能简单处理，先将买来的地瓜表皮刷洗
   干净。

2. 将地瓜放入炸锅，以 180℃烤 20 ~ 30 分钟（时间依地瓜
   的厚实度而定）。

 Tips

1. 如果要烤到地瓜出蜜，可以在最后 5 分钟转到 200℃。

2. 长条的板栗地瓜约烤 20 分钟，圆形的紫薯及黄地瓜约
   烤 30 分钟。

变化款 **紫薯拿铁冰沙**　　　　　　　　　RECIPE 09

将烤好的紫薯，放入搅拌机中，加入适量牛奶及冰块搅打，
就可以轻松制作出一杯紫薯拿铁冰沙，浓郁又好喝，可当早
餐，营养丰富喔!

180℃
约 20 分钟

RECIPE 10

蜂蜜芥末薯条

材料（2 人份）

马铃薯 2 个
橄榄油适量（喷油用）

调味料
黑胡椒适量
盐适量

蜂蜜芥末酱
黄芥末 1 小匙
芥末籽 1 小匙
美乃滋 2 大匙
柠檬汁 1 小匙
盐少许
黑胡椒少许

做法 ───────────────────────

1. 将马铃薯削皮后泡水，防止氧化变色。接着将马铃薯切成手指粗细，泡水 30 分钟。

2. 取出马铃薯条，放入一冷水锅中。以冷锅煮至沸腾，大约 8 分钟将表面煮至半透明即可。

3. 沥干后，放在烤盘上，用电风扇吹 1 小时至吹干。

4. 用喷油瓶在薯条表面喷上一层薄油，放入炸锅中，以 180℃ 烘烤 15 ~ 20 分钟。取出后撒上适量的黑胡椒和盐，搭配蜂蜜芥末酱食用，风味绝佳。

Tips

1. 泡水 30 分钟是为了让马铃薯表面产生更多淀粉。
2. 要让薯条表面更酥脆，可以冷藏一晚后隔天再炸。

180℃
12 分钟

RECIPE 11

香烤玉米笋

材料（6 人份）

有机带壳玉米笋一包
约 6 根

调味料
胡椒盐适量

做法

1. 将玉米笋清洗干净后，切掉头尾。

2. 将玉米笋平铺在炸锅内，不要交叠，以 180℃烤 12 分钟，
   不用翻面，烤至表面微微泛黄即可。

3. 烤好的玉米笋去壳和玉米须后，撒上些许胡椒盐，原味吃
   就很好吃！

 Tips

1. 直接炸制的玉米笋最好挑选有机无农药的。

2. 玉米笋不要剥皮，直接炸制可以锁住水分，吃起来鲜
   嫩多汁，又保留了食材原味。

3. 中型玉米笋烤 12 分钟，如果是较瘦小型的玉米笋可
   以改为烤 10 分钟。

4. 摘除的玉米须可冲泡热茶饮用，利水消肿。

RECIPE 12

香烤黄油玉米

200℃
9▶9 分钟

材料（2 人份）

玉米 2 根
黄油 2 块
玫瑰盐少许

做法 ────────────────

1. 将铝箔纸裁成可以包裹住玉米的大小。

2. 玉米撒上玫瑰盐，放在铝箔纸上，在玉米旁边放置一块黄油，再将铝箔纸包好放入空气炸锅。

3. 以 200℃烤 9 分钟，翻面后再烤 9 分钟。

160℃
5▶5分钟

RECIPE 13

香酥点心脆面

材料（2 人份）

面线 1 把　　　　　　**调味料**
橄榄油 1 小匙　　　　酱油 1 小匙
　　　　　　　　　　糖粉 1 小匙
　　　　　　　　　　白胡椒粉 1 小匙

做法 ─────────────────────

1. 将面线放入热水汆烫 40 秒捞起沥干，加入橄榄油拌匀。

2. 加入酱油、糖粉、白胡椒粉拌匀。

3. 在炸篮中放入烘焙纸，将面线尽量平铺，以 160℃烤 5 分钟
   后，翻面再烤 5 分钟。

4. 盛盘放凉后香酥脆口。

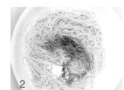

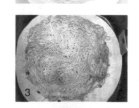

 香酥点心脆面非常简单好吃，且与各种调味料都很搭配，
可以自行加入喜欢的口味，甜咸都很适合，是个简单方
便的小点心。

┌───┐
│ **变化款　广式炒面**　　　　　　　　RECIPE 14 │
│   │
│ 煮一些时蔬百汇酱料淋上去，搭上香脆的面，就是可口的广 │
│ 式炒面。   │
│   │
│ · **时蔬百汇酱料**   │
│ 　季节时蔬 100g、橄榄油 1 大匙、酱油 2 大匙、番茄酱 1/2 │
│ 　大匙、白砂糖 1/2 大匙、盐巴 1/4 小匙、水 200ml，将所 │
│ 　有材料混合以小火煮滚即完成。   │
└───┘

2

热炒料理

180℃
3 8 2分钟

沙茶葱爆牛肉

材料（2 人份）

牛肉片 150g	调味料	腌料
葱约 3 根	沙茶酱 2 大匙	酱油 1 小匙
蒜末 5g	酱油 1 大匙	米酒 1 大匙
橄榄油 1 大匙	水 2 大匙	五香粉 1/2 小匙
		胡椒粉 1/2 小匙
		马铃薯淀粉 1 大匙

做法

1. 葱切段备用。

2. 牛肉片加入腌料搅拌，腌制约 15 分钟。

3. 将蒜末、葱白、橄榄油放入空气炸锅外锅，以 180℃ 炸 3 分钟爆香。

4. 放入腌好的肉片，加入调味料，拌匀后再以 180℃ 炸 8 分钟。

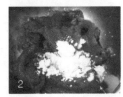

5. 最后加入葱段搅拌，再回锅以 180℃ 炸 2 分钟完成。

Tips　步骤 4 中，空气炸锅的时间可设定为 180℃ 10 分钟，炸制 8 分钟后，将外锅拉开放入葱段搅拌，再推回继续炸制完剩余时间即可。

180℃

3▸5▸5 分钟

三杯鸡

材料（2～3人份）

去骨鸡腿 350g
老姜片 5～6 片
辣椒（切片）1 条
蒜头 6～7 瓣
九层塔 *20g

调味料
胡麻油 3 大匙
米酒 3 大匙
酱油 3 大匙
白砂糖 1 小匙
白胡椒粉少许

编者注：* 又叫"罗勒"，叶子柔软，味道清香。

做法

1. 去骨鸡腿肉切块，以滚水汆烫 30 秒，去血水。

2. 胡麻油及老姜片放入外锅以 180℃炸 3 分钟。

3. 加入鸡腿块、米酒、酱油、白砂糖、白胡椒粉搅拌后，先以 180℃炸 5 分钟。

4. 打开搅拌并且加入蒜头及辣椒片，再以 180℃炸 5 分钟。

5. 最后加入九层塔搅拌，稍微焖一下即可。

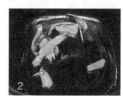

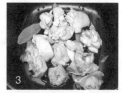

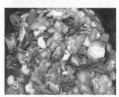

Tips 运用相同的料理方式，将食材改为鱿鱼或杏鲍菇，即变成三杯鱿鱼、三杯杏鲍菇，丰富餐桌菜色，可以试试看喔！

180℃
8 分钟

椒盐皮蛋

材料（2～3人份）

皮蛋5个　　　　　　　　调味料　　　　裹粉
葱（切葱花）1根　　　　胡椒盐　　　　马铃薯淀粉
辣椒（切碎）适量
橄榄油适量（喷油用）

做法 ——————

1. 皮蛋先用电饭煲蒸熟或用滚水煮15分钟煮熟。因为皮蛋蛋黄是膏状，一定要蒸煮熟，才能切开炸。

2. 将每个皮蛋均切成四瓣，备用。

3. 将皮蛋均匀裹上马铃薯淀粉。

4. 将皮蛋平铺于炸篮中并均匀喷上油，再以180℃炸8分钟。

5. 完成装盘，撒上葱花、辣椒碎及胡椒盐即完成。

变化款　泰式椒麻皮蛋　　　　　　　RECIPE 18

将酱油2大匙、鱼露1大匙、水2大匙、辣椒碎1小匙、蒜头碎1小匙、细砂糖1大匙、花椒粉1/2小匙、香油少许调和在一起，最后加入1/2个柠檬挤成的汁及适量香菜拌匀即可。直接淋在皮蛋上，酸甜椒麻香气扑鼻，非常开胃下饭。泰式椒麻酱汁亦可搭配各种料理，例如炸猪排或者鸡腿排。

180℃
3 ► 10 分钟

ㅅ

200℃
3 分钟

RECIPE 19

宫保鸡丁

材料（2 人份）

鸡胸肉 300g	调味料 A	调味料 B	腌料
蒜味花生 50g	酱油 2 大匙	乌醋 1 小匙	酱油 2 大匙
葱（切段）2 根	米酒 2 大匙	香油适量	米酒 1 大匙
干辣椒（切段）15g	白砂糖 1 小匙		香油 1 小匙
橄榄油 2 大匙	白胡椒粉少许		白胡椒粉 1/4 小匙
			水 2 大匙
			马铃薯淀粉 1/2 大匙

做法 ————————

1. 鸡胸肉切块后加入腌料顺时针搅拌 2 ~ 3 分钟至拌匀，至少冷藏 1 小时备用。

2. 在外锅中加入橄榄油、切段的葱、干辣椒拌匀，以180℃炸3 分钟爆香。

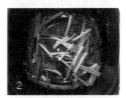

3. 加入腌好的鸡胸肉块及调味料 A 拌匀，以180℃炸10 分钟，过程中需拉出搅拌 1 ~ 2 次。

4. 加入蒜味花生拌匀，以200℃回炸 3 分钟，起锅前加入调味料 B 拌匀即完成。

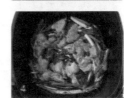

180℃
3▸5▸2 分钟

炒三鲜

材料（2人份）

材料 A	材料 B	调味料 A	调味料 B
虾仁 100g	蒜末 1 大匙	盐 1 小匙	马铃薯淀粉水适量
乌贼 100g	洋葱（切丝）20g	白砂糖 1 小匙	香油 1 小匙
鱿鱼 100g	芹菜 30g	米酒 1 大匙	
小黄瓜（切滚刀块）20g	葱（切段）2 根	白醋 1 小匙	
玉米笋（切小块）20g	橄榄油 1 大匙		
彩椒（切片）20g			
胡萝卜（切片）5 ～ 6 片			

做法 —————————

1. 将材料 A 以滚水氽烫 30 秒捞起备用，其中的玉米笋如果喜欢吃熟一点，可以多氽烫 1 ～ 2 分钟。

2. 在外锅中加入橄榄油、蒜末、洋葱丝，以180℃炸3分钟爆香。

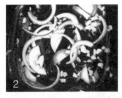

3. 将氽烫过的材料 A、芹菜、葱及调味料 A 一起拌匀，再以180℃炸 5 分钟。

4. 拉开空气炸锅加入适量马铃薯淀粉水拌匀后，再以180℃炸 2 分钟勾薄芡。

5. 起锅前淋上香油即可。

Tips 海鲜的熟成速度很快，刚刚好熟是最好吃的，所以炸制烹调时间不能太长，也要注意不要没有煮熟就食用，烹饪时间请依照实际分量及熟成程度斟酌调整。

180℃
3分钟
∨
140℃
8分钟

RECIPE 21

腐乳包菜

材料（2人份）

包菜 200g

辣椒（切段）1 条

蒜片 1 小匙

橄榄油 1 大匙

调味料

豆腐乳 3 块

香油 1 小匙

水 3 大匙

做法

1. 包菜切片洗净备用。

2. 橄榄油及蒜片放入外锅，以180℃炸3分钟爆香。

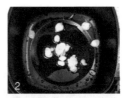

3. 将豆腐乳碾碎加入。

4. 加入包菜、辣椒及水搅拌，以140℃炸8分钟，中间需拉开搅拌2～3次，起锅前淋上香油即完成。

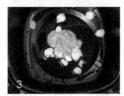

Tips 爆香辛香料可以依个人喜好作调整，如果没有爆香辛香料的习惯，也可以直接用水炒青菜。少油，多一点水分，温度可以调整至比较高温的160～180℃，时间可能只需要5～8分钟，重点是务必在炸制的过程中，拉出来搅拌2～3次，让青菜均匀地碰到水分，才会受热均匀，跟开火热炒一样好吃。

180℃
3▶3分钟

荫豉鲜蚵

材料（2 人份）

材料 A	材料 B	裹粉
鲜牡蛎 300g	豆豉 2 大匙	地瓜粉适量
葱（切葱花）2 根	酱油 1 小匙	
辣椒（切碎）1 条	米酒 1 大匙	
姜末 1/2 大匙	胡椒粉 1 小匙	
蒜末 1 大匙	香油 1 小匙	
橄榄油 2 大匙		

做法

1. 鲜牡蛎洗净后沾地瓜粉，以滚水汆烫约 20 秒，捞起沥干备用。

2. 葱花、姜末、蒜末、辣椒碎、橄榄油放入外锅拌匀，以 180℃炸 3 分钟爆香。

3. 加入豆豉、酱油、米酒、胡椒粉拌匀。

4. 加入准备好的鲜牡蛎小心拌匀，以 180℃炸 3 分钟，淋上香油，即完成。

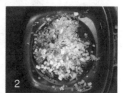

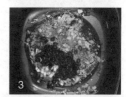

Tips 辛香料爆香后更能释放味道，不介意或者更倾向于懒人操作的也可以不爆香，直接加入豆豉等其他调味料拌匀即可一次完成。

180℃
3▶2▶1
▶5▶2分钟

麻婆豆腐

材料（2 人份）

鸡蛋豆腐 1 盒	调味料 A	调味料 B
橄榄油 2 大匙	辣豆瓣酱 2 大匙	马铃薯淀粉水适量
猪绞肉 50g	番茄酱 1 小匙	香油 1 小匙
葱（切葱花）2 根	米酒 1 大匙	
红袍花椒粒 1 大匙	白砂糖 1 小匙	
姜末 1 小匙	酱油 1 小匙	
蒜末 1 小匙		
水 1 大匙		

做法 ─────────────────────────

1. 将鸡蛋豆腐切成 18 块（对半切，再各切成 9 块），备用。

2. 在烘烤锅（或外锅）中加入橄榄油、花椒粒，以 180℃炸 3 分钟，爆香后取出花椒粒。

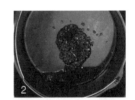

3. 加入姜末、蒜末、猪绞肉拌匀，以 180℃炸 2 分钟。

4. 将调味料 A 及水 1 大匙加入锅中拌匀，以 180℃炸 1 分钟，炸出酱料的香味。

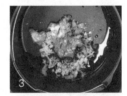

5. 加入水 2 大匙（食材外）及切块的鸡蛋豆腐，轻轻拌匀使酱料包覆在鸡蛋豆腐上，以 180℃炸 5 分钟，中途需拉开搅拌 2 ~ 3 次，使豆腐均匀入味。

6. 加入马铃薯淀粉水勾芡，以 180℃炸 2 分钟，起锅前淋上香油、撒上葱花即完成。

1. 步骤 2 是在炼花椒油，如果已经有花椒油，可跳过此步骤，直接到步骤 3 爆香辛香料。

2. 鸡蛋豆腐本身就带有咸味，因此调味部分不要太咸，使用传统的老豆腐也可以料理，但咸度要稍微增加。

RECIPE 24

泰式打抛猪

材料（4 人份）

猪绞肉 300g

小番茄（切半）8 ~ 10 个

蒜末 1 大匙

姜末 1 小匙

九层塔 20g

辣椒（切碎）1 条

调味料

酱油 1 大匙

米酒 1 大匙

鱼露 1/2 大匙

白砂糖 1 小匙

柠檬汁 1 大匙

做法

1. 在空气炸锅外锅中放入猪绞肉，以 180℃炸 3 分钟。

2. 加入蒜末、姜末、辣椒碎及米酒拌匀，以 180℃炸 3 分钟，可去除肉的腥味。

3. 加入切成小碎块的番茄以及酱油、鱼露、糖拌匀，以 180℃炸 3 分钟。

4. 最后放入柠檬汁、九层塔拌匀，再以 180℃炸 3 分钟。

 1. 分层加入食材炸制，可释放食材各自的香味，口感层次较丰富。

2. 喜欢番茄香多一点，可以先以 180℃炸 3 ~ 5 分钟备用。

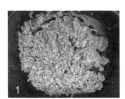

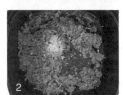

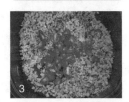

变化款 瓜仔肉　　　　　　　　RECIPE 25

准备绞肉 300g，以及酱油 1 小匙、胡椒粉 1 小匙、米酒 1 大匙，葱适量、蒜末适量、姜末适量，脆瓜（酸黄瓜）1 瓶（脆瓜水使用半瓶即可），全部搅拌均匀后放入空气炸锅以 180℃炸 10 分钟，中途拉出来搅拌 2 ~ 3 次即完成。

180℃
5▸5 2分钟

韩式辣炒年糕

材料（3 人份）

年糕条 300g	韩式辣椒酱
韩国鱼饼 100g	韩国辣椒粉 1 大匙
洋葱 1/4 个	酱油 1 大匙
青葱（切段）2 根	蜂蜜 1 大匙
彩椒（切段）半个	黑糖 1 大匙
芝士碎 50g	水 4 大匙
橄榄油 2 大匙	

做法

1. 年糕条先以滚水滚煮 3 ~ 5 分钟，捞起备用。调味料拌匀成为基础韩式辣椒酱备用。

2. 在空气炸锅外锅中放入橄榄油、洋葱、鱼饼、彩椒，先以 180℃炸 5 分钟，中间需拉出来搅拌一下。

3. 加入年糕条、葱段、调制好的韩式辣椒酱 3 大匙，以 180℃炸 5 分钟，中间需拉出来搅拌 1 ~ 2 次，让酱料更均匀地附着在年糕条上。

4. 加入芝士碎拌匀，以 180℃炸 2 分钟即可。

Tips 如果不加芝士碎，在步骤 3 就可以直接盛盘享用。

变化款 炸年糕　　　　　　　　　　RECIPE 27

长条年糕使用竹签串起备用。在炸篮内放入烘焙纸，再放上年糕，喷上些许的油，先以 160℃炸 5 分钟，翻面再炸 5 分钟。盛盘后，撒上些许花生糖粉，再搭配一些坚果碎，简单美味的下午茶即完成。

180℃
7▸8 分钟

∨

180℃
3▸5▸5 分钟

RECIPE 28

酱烧面筋

材料（2～3 人份）

面筋 4～5 条
姜（切丝）5g
葱（切葱花）1 大匙
橄榄油 1 大匙

调味料
酱油 2 大匙
米酒 2 大匙
细冰糖 1 小匙
胡椒粉 1 小匙
盐 1 小匙
香油 1 小匙

做法

1. 将面筋用手撕成厚圈状，再均匀地在每一面喷上油（食材外），尽量平铺地放入炸篮中。

2. 以 180℃炸 7 分钟，拉出来翻面后再炸 8 分钟，完成后取出备用。

3. 放入橄榄油及姜丝，以 180℃炸 3 分钟爆香。

4. 加入炸过的面筋及其他调味料（香油除外）搅拌均匀，以 180℃炸 5 分钟，拉开搅拌后再炸 5 分钟。

5. 起锅前淋上香油拌匀，放上葱花即完成。

(*Tips*)

1. 因为要做酱烧吸取酱汁，所以步骤 2 时不需要炸到很酥脆，有弹性又有一点脆就好。

2. 面筋很会吸水吸油，酱烧要入味可以视情况再炸久一点。如果喜欢辣味的可以加入辣椒一起炸；如果要加香菜、九层塔，在起锅前加入且拌一下就好。

变化款 椒盐面筋

RECIPE 29

将面筋用手撕成厚圈状，均匀喷上油且拌匀，以 180℃炸 15 分钟以上，想要再酥一点就再加时间，每过 3～5 分钟可以拉出来翻面并且看一下酥脆度。完成后只要撒上胡椒盐就很好吃，也可加上香菜、九层塔增加香气。

170℃
7 分钟
∨
180℃
3 ▸ 5 ▸ 2 分钟

RECIPE 30

生菜虾松

材料（3～4 人份）

草虾仁 10 只　　　　蒜末 5g　　　　　　腌料
荸荠（切丁）4 个　　葱（切葱花）1 根　　盐巴 1/4 小匙
洋葱（切丁）半个　　生菜 1/4 棵　　　　米酒 1 小匙
芹菜（切末）1 根　　油条 1 根　　　　　白胡椒粉 1/4 小匙
姜末 5g　　　　　　橄榄油 2 大匙

做法

1. 生菜叶摘下洗净后，沥干水分，备用。

2. 将草虾仁抓盐（材料外）、去虾线，洗净后加入米酒，腌制约 10 分钟备用。

3. 油条切段后放入炸锅，以 170℃炸 7 分钟，即成为老油条，放凉后放入塑料袋压碎备用。

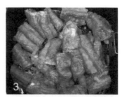

4. 在炸锅外锅中加入橄榄油、洋葱丁、蒜末、姜末，先以 180℃炸 3 分钟爆香。

5. 加入虾仁、荸荠丁、芹菜末拌匀后，以 180℃炸 5 分钟，中途需拉出搅拌 1～2 次让食材受热更均匀。

6. 放入葱花及胡椒粉、盐巴调味，再以 180℃炸 2 分钟，拌入压碎的油条碎，即为虾松馅。

7. 取出生菜盛入虾松馅即可。

180℃
3▸3 分钟
∨
180℃
2▸10
▸3 分钟

番茄炒蛋

材料（2 人份）

番茄（中等大小）2 个	调味料
鸡蛋 3 个	番茄酱 2 大匙
橄榄油 3 大匙	盐 1/2 小匙
葱花 2 大匙	白砂糖 1 小匙
水 3 大匙	香油 1/4 小匙

做法

1. 番茄划刀，汆烫去皮并切小块备用。

2. 在空气炸锅中放入烘烤锅，并加入橄榄油，以 180℃炸 3 分钟，将油预热。

3. 将打好的 3 个散蛋加上少许的盐，倒入烘烤锅中，因为油是温热的，倒下去的蛋很快就熟了，此时以 180℃炸 3 分钟，因为蛋熟的速度非常快，大约过 1 分钟就可以拉开检查，稍微搅拌将蛋打散，再继续炸。

4. 将预炸好的散蛋连同烘烤锅一起取出备用。

5. 在空气炸锅外锅中加入 1 大匙橄榄油（材料外）和切块的番茄，以 180℃炸 2 分钟。

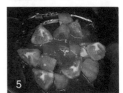

6. 加入调味料番茄酱、盐、糖及水拌匀，以 180℃炸 10 分钟，中间需拉出来搅拌 1 ~ 2 次。

7. 加入之前炸过的散蛋，轻轻拌匀，再以 180℃炸 3 分钟。

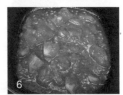

8. 起锅前加入香油、葱花即完成。

Tips
1. 步骤 3 可以根据自己想要的散蛋熟度决定起锅时间，番茄炒蛋的蛋不要太熟会比较滑嫩。
2. 步骤 6 的番茄切小块较容易熟，也可以视自己喜欢的软硬程度增减时间及水分。

变化款 炸葱花散蛋　　　　　　　　　　RECIPE 32

完成步骤 2、3，在打散蛋时加入适量葱花，根据自己喜欢的熟成度，以 180℃炸 3 ~ 5 分钟，中途拉出来稍微搅拌 1~2 次，将蛋打散，就可以直接完美上桌了。

180℃
2 ▸ 2 ▸ 2 分钟

RECIPE 33

蒜香炒水莲

材料（2 人份）

水莲 *1 包约 200g   调味料

大蒜（切片）3~4 瓣   玫瑰盐适量

红辣椒少许   黑胡椒粒适量

葱段少许

过滤水 60ml

米酒 2 小匙

橄榄油适量（喷油用）

编者注：* 又称野莲、长寿莲，口感青嫩爽口、味道清新。

做法 ───────────

1. 先将水莲洗净后切段，放入空气炸锅中。

2. 倒入过滤水将水莲稍微翻搅一下，并均匀喷上橄榄油，再放入玫瑰盐、黑胡椒粒调味。

3. 以 180℃烤 6 分钟，过程中每 2 分钟需拉开翻搅，最后 2 分钟加入葱段、蒜片、米酒，喜欢有辣味的可以加入些许切碎的红辣椒增加风味。

 Tips 水莲容易失去水分，清洗后可先泡在过滤水中几分钟，让水莲恢复水润后再切段放入空气炸锅中炸制。

辣椒豆豉萝卜干

材料（2～3 人份）

萝卜干碎 150g

辣椒（切碎）4～5 条

豆豉 15g

调味料

橄榄油 2 大匙

香油 1 小匙

米酒 2 大匙

白砂糖 2 小匙

白胡椒粉 1/4 小匙

做法

1. 萝卜干碎泡水 20～30 分钟沥干备用。

2. 在外锅中加入橄榄油及香油，放入萝卜干碎拌匀，以 180℃炸 3 分钟，将萝卜干炒至微干。

3. 加入辣椒碎、豆豉、米酒、糖、白胡椒粉拌匀，以 180℃炸 5 分钟，中途拉开搅拌 2～3 次即完成。

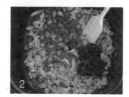

变化款 萝卜干辣炒小鱼干　　　RECIPE 35

除了上列原有食材外，可以多准备小鱼干约 50g，洗净沥干后，先用空气炸锅以 180℃炒 5 分钟炒干备用，再依照步骤 3 一起加入小鱼干拌炒。小鱼干用空气炸锅烘烤过，香味十足，搭配萝卜干、辣椒，十分开胃下饭。

3

肉料理

200℃
2▶2分钟
⌄
150℃
3分钟

烤牛小排佐时蔬

材料（2 人份）

牛小排约 400g   调味料

大蒜 1 颗   玫瑰盐适量

洋葱丝 1 把   黑胡椒粒适量

玉米笋 1 盒

做法 ————————————————————————

1. 冷冻牛小排先用煎锅大火煎到两面微微金黄。

2. 在炸篮里先放入切好的洋葱丝、玉米笋、大蒜片，并放上烤架。

3. 在烤架上面排放牛小排，撒上带皮的蒜瓣及玫瑰盐、黑胡椒粒。

4. 以 200℃烤 2 分钟，接着翻面撒上调味料，继续烤 2 分钟。

5. 移出牛小排，静置 5 分钟，让炸篮内的蔬菜吸收牛小排滴下来的油脂，搅拌一下再以 150℃炸 3 分钟。

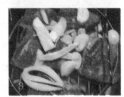

Tips 将蒜头和牛小排一起炸，可以让牛小排的味道更丰富、更有层次，蔬菜类放在最底层吸收油脂后，气味十分香甜。将空气炸锅做多层次的运用，可以一次处理所有的食材，节省不少时间。

140℃
8 分钟
∨
200℃
4 分钟

香烤酸奶鸡胸

材料（2 人份）

鸡胸肉约 250g　　　　　　调味料

地瓜粉 1 米杯（约 180ml）　玫瑰盐少许

面包糠 1 米杯（约 180ml）　五香粉少许

无糖酸奶 3 大匙　　　　　　蒜粉少许

橄榄油 10ml（喷油用）　　　白胡椒粉少许

　　　　　　　　　　　　　　黑胡椒粉少许

　　　　　　　　　　　　　　迷迭香少许

做法 ——————————————————————————

1. 将鸡胸肉切成适口大小，加入无糖酸奶与调味料，放进保鲜盒中腌一个晚上。

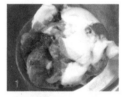

2. 将腌好的鸡胸肉均匀裹上地瓜粉后，等返潮，10 ~ 15 分钟。

3. 将返潮后的鸡胸肉，均匀包裹上面包糠。

4. 将鸡胸肉放入炸锅，使用喷油瓶在表面均匀地喷上一层油，以 140℃ 烤 8 分钟，拉开翻面喷油，再以 200℃ 烤 4 分钟至香酥。

Tips　使用酸奶腌鸡胸肉，肉质可保持香嫩可口，炸出来的鸡胸肉有淡淡的奶香味，十分浓郁爽口。

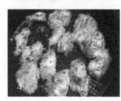

180℃

6▸6▸6分钟

盐酥鸡

材料（2 人份）

鸡胸肉 200g	腌料	调味料	裹粉
辣椒（切碎）1 条	酱油 2 大匙	胡椒盐	地瓜粉
蒜末 1 大匙	米酒 1 大匙		
九层塔 20g	五香粉 1/2 小匙		
橄榄油适量（喷油用）	胡椒粉 1/2 小匙		
	白砂糖 1/2 小匙		
	橄榄油 1 小匙		
	水 2 大匙		

做法

1. 鸡胸肉切丁，加入腌料搅拌抓匀，冷藏 1 小时以上。

2. 鸡丁裹上地瓜粉静置等返潮，再均匀地喷上油。

3. 在空气炸锅的炸篮里铺上烘焙纸，将裹粉后的鸡丁平铺在上面，以 180℃炸 6 分钟，翻面补喷油，再炸 6 分钟。

4. 加入辣椒、蒜末拌匀，再以 180℃炸 6 分钟。

5. 加入九层塔搅拌均匀，推回炸锅利用余温焖约 1 分钟即可。

6. 撒上胡椒盐，摇一摇后盛盘即完成。

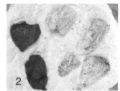
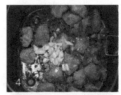

Tips

1. 若喜欢更酥脆的口感，步骤 3 可改用 200℃炸 3 分钟，让地瓜粉更酥脆。

2. 九层塔不适合用空气炸锅炸，会黑掉不好看，利用余温焖熟即可。

3. 使用烘焙纸垫底可以降低裹粉鸡肉沾黏炸篮的概率，待炸制数分钟定型后，再抽掉烘焙纸回炸，可过滤多余油脂。

180℃
5▶5分钟

古早味炸里脊肉片

材料（2～3人份）

猪里脊肉 3 片（约手掌大） 腌料 裹粉
橄榄油适量（喷油用） 酱油 2 大匙 木薯粉
  米酒 2 大匙
  蒜末 1 小匙
  白砂糖 1/4 小匙
  五香粉 1/4 小匙
  胡椒粉 1/4 小匙
  马铃薯淀粉 1 大匙

做法 ————————————————————————

1. 将里脊肉片用肉锤拍一拍，加入腌料按摩一下肉片，冷藏一晚。

2. 将腌好的肉片直接均匀裹上木薯粉，稍微压实，静置返潮。

3. 将肉片放入炸锅，还有白色粉的地方稍微喷一点油，以 180℃ 炸 5 分钟，拉开翻面再炸 5 分钟，如果底部有白色的粉，再喷一点油，继续炸制即完成。

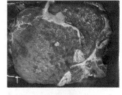

Tips 肉排的厚薄度会影响炸制需要的温度与时间，炸制后可以用竹签或者叉子刺入肉中心，若能刺穿则熟透，若未刺穿则可再炸制 3～5 分钟。

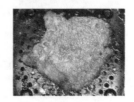

120℃
20 ▸ 20
▸ 20 分钟
∨
180℃
5 分钟

RECIPE 40

沙茶手扒全鸡

材料（3 ~ 4 人份）

全鸡约 1.3 ~ 1.5kg	腌料
剥皮蒜头 15 瓣	酱油 5 大匙
葱 3 根	米酒 3 大匙
姜片 5 ~ 6 片	五香粉 1 大匙
	白砂糖 2 大匙
	沙茶 2 大匙
	胡椒盐适量

做法 ————————————————

1. 将腌料拌匀，均匀涂抹按摩在鸡的每一面，冷藏腌制 12 小时以上。

2. 将蒜头、葱、姜从鸡的尾巴放进去，鸡脚也塞进去，并以牙签封口。

3. 将鸡放入炸锅以 120℃烘烤 60 分钟，其中每 20 分钟拉开翻面一次，并刷上腌料继续烘烤，需刷三次。

4. 最后翻面涂上腌料，并以 180℃烘烤 5 分钟，让鸡表皮上色。

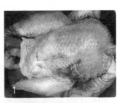

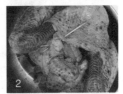

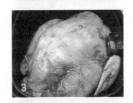

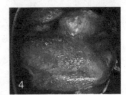

(Tips) 空气炸锅滤下来的鸡油汤汁，可以作为食用时的蘸酱，或者是用来拌饭、炒青菜，都非常好吃。

变化款 **意式烤全鸡**　　　　　　　RECIPE 41

准备腌料：酱油 4 大匙、白酒 3 大匙、水 2 大匙、披萨草 1 大匙、迷迭香 1 大匙、盐 1 大匙、白砂糖 3 大匙、粗粒黑胡椒 2 大匙。将调味料调和均匀，涂抹按摩在鸡上，腌制至少一晚，另准备切段的洋葱、蒜头粒适量填入鸡尾巴并封口，再依步骤 3 与步骤 4 炸制即完成。

160℃
7分钟
∨
180℃
5分钟

日式芝士猪排

材料（4 人份）

里脊肉片 8 片
芝士片 4 片
包菜叶适量

调味料
盐适量
白胡椒粉适量

日式猪排酱
酱油 20ml
番茄酱 50ml
乌醋 50ml
酱油膏 30ml
味淋 30ml
白砂糖 20ml
水 20ml
所有材料混合以中火煮滚即可

裹粉
低筋面粉适量
蛋液适量
面包糠适量

做法 ——————————————————————

1. 里脊肉切成约 1cm 厚的片状，可使用厨房纸巾将表面水吸干。

2. 将里脊肉片用肉锤拍打成 0.3 ~ 0.5cm 厚的薄片，并在上面
   划几刀，目的在于将肉的纤维打散，吃起来口感会更软嫩。

3. 在每一块肉排上撒上一点盐及白胡椒粉调味。

4. 取一片处理好的肉排，放上芝士片，四周沾上一点面粉，再
   叠上一片猪排黏合在一起。

4

5. 黏合好的猪排，两面先沾上一层薄面粉，再沾上蛋液，最后
   再沾上面包糠，静置 10 ~ 20 分钟。

5

6. 将猪排均匀地喷上油，放入铺了烘焙纸的炸篮中，先以
   160℃炸 7 分钟，翻面将烘焙纸取出，再以 180℃炸 5 分钟，
   即完成。

5

7. 切一些包菜丝，将炸好的猪排放在上面，淋上日式猪排酱，
   并撒上盐、白胡椒粉，完美猪排即可上桌。

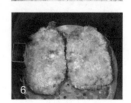
6

Tips

1. 步骤 5 的蛋液要打均匀，面包糠才会更扎实地黏附。

2. 因为芝士猪排的肉片很薄，因此烹调时间不需要太长，
   如果单纯炸猪排，还是要根据猪排的厚度来调整烹调
   时间，可以用竹签刺入检查是否全熟了。

160℃
30▸30分钟

蜂蜜香料猪肋排

材料（2人份）

猪肋小排约 1.2kg
姜（切片）1块
大蒜（切片）5瓣
葱（切葱花）4根

调味料

玫瑰盐适量
黑胡椒适量
八角 6颗
花椒 5g
蜂蜜 20ml
酱油 50ml
米酒 50ml
糯米醋 30ml
鸡高汤 200ml

做法 ————————————————————————————

1. 将猪肋小排洗干净擦干后，撒上玫瑰盐与黑胡椒备用。

2. 取一热油锅，将猪肋小排双面煎至金黄色。

3. 转中火，将姜片、蒜片、八角、花椒、蜂蜜、酱油、米酒、糯米醋一同放入锅中炖煮。

4. 倒入鸡高汤与葱花再大火煮滚。

5. 将所有材料倒入空气炸锅的内锅中，将猪小排摆放整齐以 160℃烘烤 30分钟。

6. 将猪小排翻面再以 160℃烘烤 30分钟即可。

Tips　炸好的猪小排，可以连同酱汁冷藏一晚。隔天要食用时再使用空气炸锅加热会更美味。

160℃
10▶10分钟

红曲猪五花

材料（3 ~ 4 人份）

带皮猪五花肉 1 条
橄榄油适量（喷油用）
香菜适量

腌料
红曲酱 3 大匙
酱油 1 大匙
绍兴酒 1 大匙
白砂糖 1 小匙
蒜末 1 小匙
胡椒粉 1/2 小匙
五香粉 1/2 小匙
水 2 大匙
香油 1/2 小匙

裹粉
地瓜粉适量

做法 ——————

1. 将腌料调匀，把带皮猪五花肉切半冷藏腌制 12 小时以上。

2. 腌好的猪五花肉稍微去除表面腌料，均匀裹上地瓜粉。

3. 将多余的粉拍掉，放置返潮 10 ~ 15 分钟。

4. 在炸篮里铺上烘焙纸，放上猪五花肉，在表面还有白色粉末的地方，喷上一点油，使其黏附。

5. 先用 160℃炸 10 分钟，翻面，若还有白色粉末，一样再喷上一点油，拿掉烘焙纸，再以 160℃炸 10 分钟。

6. 炸好的猪五花肉切好片，撒上点香菜，即可美味上桌。

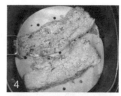

1. 需依实际肉的厚薄度调整炸的时间，肉类可用 160℃预炸，最后再以 180℃炸 3 ~ 5 分钟抢酥逼油。

2. 喜欢酒香浓厚一点的，可以在腌制时多放一些酒。

160℃
5▸3 分钟
⌄
180℃
2 分钟

RECIPE 45

烤味噌鸡腿排

材料（2 人份）

去骨鸡腿排 2 只
（200g/ 只）

调味料
味噌 2 茶匙
酱油 1 茶匙
味淋 2 茶匙
米酒 1 茶匙
白砂糖 1/2 茶匙

做法 ————————————————

1. 2 只鸡腿排先用刀在鸡肉面上轻划几刀，并将全部调味料和鸡腿放入保鲜盒腌制一天。

2. 将鸡腿排放入炸锅，鸡皮面先向上，以 160℃烤 5 分钟，翻面再烤 3 分钟，接着再翻面以 180℃烤 2 分钟将鸡皮烤至上色，就可食用。

 Tips

1. 在鸡肉面上划刀可使鸡腿排在炸制时不易缩起来。

2. 运用烤架，可在下层先铺满小黄瓜或喜欢的蔬菜，上层再放鸡腿排，烤 8 分钟时可将蔬菜先夹起，再续烤鸡排，完成后就有两道菜可以吃了！

RECIPE 46

菲力牛排

180℃
7 分钟

材料（1 人份）
菲力牛排 400g
橄榄油适量

调味料
玫瑰盐适量
粗粒黑胡椒适量
迷迭香适量

做法

1. 将牛排解冻后擦干，两面撒上玫瑰盐与黑胡椒。

2. 在平底锅中倒入橄榄油，产生油烟后，将牛排轻轻地放下煎约 1 分钟，再翻面煎 1 分钟，每面煎至焦脆。

3. 牛排煎好后，与迷迭香一起放入炸锅中，以 180℃烘烤 7 分钟。

4. 完成后静置 10 分钟，盛盘。

 Tips

1. 先用高温将牛排表面煎至金黄微焦，可以将牛肉纤维组织硬化。如果没有这一道工序，牛排遇到急速的温度变化，里头的肉汁将会大量流失！

2. 牛排解冻时可以泡在橄榄油里，避免肉汁流失。

3. 牛排解冻后擦干即可，千万不可用水洗，以免流失风味。

4. 可以撒上蒜片增加风味。

180℃
15 分钟

红烧狮子头

炸狮子头

材料（3 ~ 5 人份）

猪绞肉 600g	腌料
洋葱半个	酱油 2 大匙
荸荠 5 个	姜末 1 小匙
干香菇 2 朵	白胡椒粉 1/2 小匙
葱 2 根	盐 1/2 小匙
鸡蛋 1 个	绍兴酒 1 大匙
马铃薯淀粉 1 小匙	水 4 大匙

做法 —————

1. 干香菇泡水备用。

2. 猪绞肉用刀再剁 1 ~ 2 分钟，肉会出一点黏性，也会更绵密。

3. 将荸荠、洋葱、泡好的干香菇、葱都切碎，并加入剁好的猪绞肉。

4. 加入所有腌料，顺时针搅拌，并陆续加入水，让肉将腌料及水分完全吸收，炸出来的肉才会水嫩。

5. 加入鸡蛋、马铃薯淀粉拌匀，将绞肉拿起往锅内多甩几次，重复动作 1 ~ 2 分钟。

6. 将馅料滚成圆球状，一颗约 30 ~ 40g，放入冷冻室约 30 分钟塑形。

7. 将狮子头放入炸锅，喷点油，以 180℃炸 15 分钟。

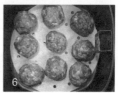

 可简单制作红烧百汇酱料，淋上去即可上菜。百汇酱料：橄榄油 1 大匙、酱油 2 大匙、番茄酱 1/2 大匙、白砂糖 1/2 大匙、盐 1/4 小匙、水 200ml，将所有材料混合以小火煮滚即完成。

红烧狮子头

材料（3～5人份）

橄榄油 2 大匙
葱（切段）1 根
姜丝 10g
洋葱（切粗丝）半个
胡萝卜（切片）10g
泡发的干香菇（切丝）2 朵
白菜半棵

调味料
酱油 2 大匙
白砂糖 1 小匙
水适量

做法 ——————————————————

1. 在铸铁锅里放入橄榄油、葱段、姜丝、洋葱丝、泡发的干香菇以小火爆香。

2. 加入白菜、胡萝卜、酱油、糖、适量水，熬煮 20 分钟以上。

3. 放入炸好的狮子头，并用白菜叶覆盖保护，以小火炖煮 30 分钟以上即完成。

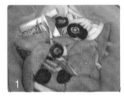

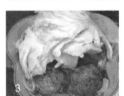

RECIPE 48

香酥大肠头

180℃
4▶4 分钟
∨
200℃
2 分钟

材料（4 人份）

大肠头 1 条
香菜少许
葱 1 根
蒜瓣（切片）5 瓣
小黄瓜适量

调味料
胡椒盐少许

做法

1. 冷冻大肠头退冰约 10 分钟，使其呈现微硬但可以切开的硬度。大肠头切适当长度后放入空气炸锅中。

2. 以 180℃烤 4 分钟，拉开翻面再烤 4 分钟，让大肠头受热均匀。

3. 以 200℃烤约 2 分钟逼油，炸到表面酥脆，撒上胡椒盐、香菜叶、蒜片，再搭配小黄瓜切片一起享用，增加爽口度。

 Tips （超搭料理）
炸到酥脆的大肠头，可与鸭血煲或蚵仔面线一起搭配着吃。

180℃
30 分钟

RECIPE 49

绍兴醉鸡

材料（4 人份）

去骨鸡腿排 4 片

酱汁

绍兴酒 300ml   人参须少许

开水 300ml   盐 2 ~ 3 大匙

枸杞 10g   冰糖 1 小匙

红枣 5 颗

当归 1 片

做法 ——————————————————————————

1. 将去骨鸡腿排洗干净后，抹上盐、绍兴酒（材料外），放置 30 分钟备用。酱汁材料混合备用。

2. 将鸡腿肉用铝箔纸卷起成圆筒状，放入炸锅中以 180℃烘烤 30 分钟。

3. 烘烤结束，立刻将鸡腿卷放入冰水中浸泡 10 分钟增加肉质弹性。

4. 撕开铝箔纸后，将鸡腿卷泡入酱汁冷藏腌制一晚，要食用时拿出切片即可。

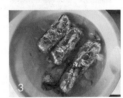

Tips   使用过的浸泡酱汁，可再放入煮熟的白虾，腌制一晚做成绍兴醉虾。

180℃
10 分钟
200℃
5 分钟

蜜香鸡翅

材料（4 人份）

鸡翅 10 只

酱汁

大蒜适量   黑胡椒少许

姜少许   蜂蜜 1 大匙

酱油 2 大匙   米酒适量

鲣鱼露 1 大匙   八角 1 颗

白砂糖 1 小匙

做法 ─────────────────────────────

1. 将鸡翅洗干净，放置容器备用。

2. 将除蜂蜜外的所有酱汁材料搅拌均匀。

3. 在鸡翅表面划上数刀，浸泡在酱汁中。将容器包上保鲜膜冷藏至少 4 小时。

4. 在炸锅内放入烤架，摆上烤网，将鸡翅放上去以 180℃烘烤 10 分钟。

5. 刷上蜂蜜翻面后，以 200℃烘烤 5 分钟即可。

1. 冷藏腌制隔夜风味更佳。

2. 为了避免鸡翅尖端烧焦，可以在尖端包上一层小小的铝箔纸。

160℃
10▶3 分钟

韩式泡菜猪五花

材料（2人份）

猪五花肉 300g   调味料
韩式泡菜少许   烤肉酱 2 小匙
                         米酒 1 大匙
                         黑胡椒少许

做法 ——————————————————————————————

1. 将猪五花肉用清水洗净擦干，放入保鲜盒中，倒入调味料腌制 10 分钟。

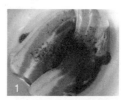

2. 将调味过的五花肉放入炸锅以 160℃ 炸 10 分钟，此时已经炸得香酥有弹性，可用剪刀剪成条状，继续炸 3 分钟即完成，完成后可搭配泡菜食用。

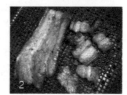

Tips　猪五花肉切成条状，可以很快逼出油脂并催熟，吃起来口感更有嚼劲。将炸好的五花肉包入生菜当中，并搭配韩式泡菜与辣酱，即可在家享受韩国烤肉的乐趣。

160℃
10▸5 分钟
∨
180℃
约 5 分钟

香酥鸡腿排

材料（2～3人份）

去骨鸡腿排 2 片
橄榄油适量（喷油用）

腌料
酱油 2 大匙
米酒 2 大匙
白胡椒粉 1 小匙
水 2 大匙

裹粉
地瓜粉

做法 ————————————————————————

1. 将所有腌料混合拌匀，放入去骨鸡腿排，腌制20～30分钟。

2. 取出鸡腿排裹上地瓜粉，两面都要压一下，静置等返潮，约 10～20 分钟后，在两面喷上油，让地瓜粉看起来没有白白 的，炸起来才会漂亮。

3. 在炸篮内放入烘焙纸，鸡皮朝下，鸡肉朝上，先以160℃炸 10 分钟，翻面再炸 5 分钟。

4. 最后再以 180℃炸3～5分钟让鸡皮上色。

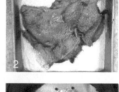

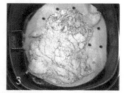

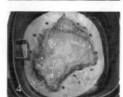

1. 步骤 1 中可以适当帮鸡肉按摩，让腌料吸收饱满，如 果可以冷藏腌制 12 小时以上，炸出来更鲜嫩多汁。

2. 步骤 4 高温炸制几分钟，能让鸡皮更酥脆，可依自己 喜欢的口感调整炸制时间。

180℃

约 12 分钟

法式炸鸭胸

材料（2 人份）

鸭胸 1 片　　　　调味料　　　　　酱汁
　　　　　　　　玫瑰盐适量　　　柳橙 1 颗
　　　　　　　　黑胡椒适量　　　八角 1 颗
　　　　　　　　迷迭香适量　　　蜂蜜少许
　　　　　　　　　　　　　　　　白兰地 10ml
　　　　　　　　　　　　　　　　藏红花 1g

做法 ────────────────

1. 将鸭胸擦干后在表皮横切数刀，两面撒上少许玫瑰盐、黑胡椒备用。

2. 将鸭胸表皮朝下放入平底锅，开小火将鸭油逼出来，再开中火将两面煎至金黄色。鸭油捞起来备用。

3. 在空气炸锅内放入烤网，将鸭胸与迷迭香放上去，鸭皮朝上以 180℃烘烤 10 ~ 12 分钟。

4. 将柳橙汁与少许柳橙皮、八角、蜂蜜、白兰地、藏红花，放入小锅煮至浓稠。

5. 鸭胸炸制完成后室温静置 5 分钟，冷却后再切片。

6. 在切片好的鸭胸上淋上柳橙酱汁即可。

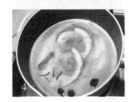

 Tips　如果没有藏红花可以省略不用。

┌─────────────────────────────────────┐
│ 变化款　**炒泡面**　　　　　　　　RECIPE 54 │
├─────────────────────────────────────┤
│ 鸭油可与凤梨、洋葱、泡面一起拌炒成炒泡面，非常美味！ │
└─────────────────────────────────────┘

160℃
35 分钟

RECIPE 55

惠灵顿牛排

材料（2人份）

菲力牛排 400g	调味料	蘑菇酱
培根 5 片	玫瑰盐适量	蘑菇 100g
酥皮 4 张	粗粒黑胡椒适量	栗子 5 颗
橄榄油适量	黄芥末酱适量	迷迭香或百里香 1 株
	面包糠适量	辣椒 1 根
		松露酱 1 大匙

做法 ——————————————————

1. 将牛排解冻后擦干，两面撒上玫瑰盐与黑胡椒。

2. 在平底锅中倒入橄榄油，产生油烟后，轻轻将牛排放下煎约
   1 分钟，再翻面煎 1 分钟，煎至每面焦脆。静置时立即涂上
   一层黄芥末酱备用。

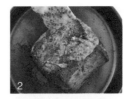

3. 将蘑菇与栗子、迷迭香（或百里香）放入料理机中打碎（用
   切碎的也可以），接着倒入平底锅中用小火与辣椒拌炒，加
   入松露酱后将水分完全炒干，并将蘑菇酱平铺放凉备用。

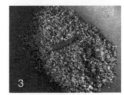

4. 将保鲜膜平铺在桌面上，依序把培根整齐摆好。

5. 将蘑菇酱涂在培根上面，撒上一层薄薄的面包糠。

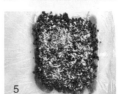

6. 将牛排放到培根的中心处，把保鲜膜卷起，让培根紧实地把牛排包裹住，放到冷冻室 20 分钟定型备用。

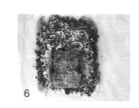

7. 将保鲜膜平铺在桌面上，把四张酥皮接合成一张 20cm x 20cm 左右的大酥皮，在表面涂上一层蛋液。

8. 将牛排从冷冻室取出并拆开保鲜膜，放到酥皮中心。把保鲜膜卷起，让酥皮紧实地把牛排包裹住，放到冷冻室 10 分钟定型备用。

9. 取出酥皮牛排，拆开保鲜膜，在表面涂上一层蛋液。在空气炸锅内锅铺上一层烘焙纸，酥皮牛排以 160℃烘烤 35 分钟至表皮呈现金黄色即可。

10. 烘烤结束，必须在室温静置 20 分钟左右才可以切开。

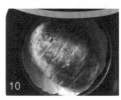

 Tips

1. 先用高温将牛排表面煎至金黄微焦，可以将牛肉纤维组织硬化。如果没有这一道工序，整块牛排遇到急速的温度变化，里头的肉汁将会大量流失！

2. 牛排擦干就好，千万不可用水洗，以免流失风味。

3. 酥皮牛排涂上蛋液后，可以用刀背画线增加美观度。

4. 烘烤前，可以在酥皮上面撒上少许的玫瑰盐，烘烤后能增加酥脆感。

4

海鮮料理

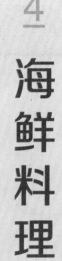

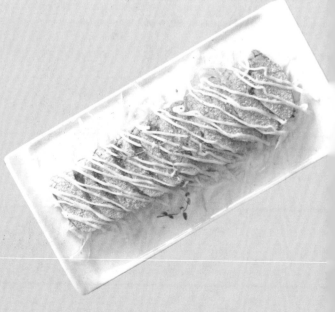

180℃
25 分钟

法式纸包三文鱼

材料（2 人份）

三文鱼 300g

椭瓜 *（切片）半条

红黄甜椒（切片）1 个

新鲜迷迭香 2 小段

调味料

柠檬（切片）3 ～ 4 片

橄榄油 1 大匙

粗粒黑胡椒 1/2 小匙

玫瑰盐 1/2 小匙

黑橄榄（切碎）4 颗

蒜末 3g

无盐黄油 1 小匙

编者注：* 椭瓜，又叫作或类似于西葫芦、夏南瓜。

做法 ———————————————————————————

1. 先用纸巾将三文鱼多余的水分压干，在三文鱼两面抹上少许玫瑰盐，备用。

2. 取一大张烘焙纸，底部先铺上 2/3 分量的彩椒、椭瓜，再放上三文鱼，再将剩下的蔬菜及黑橄榄、柠檬片铺上。

3. 撒上蒜末、黑胡椒粒、橄榄油、黄油，最后放上迷迭香，将烘焙纸密封包紧。

4. 放入空气炸锅以 180℃烤 25 分钟，即可美味上桌。

Tips 很多白肉都适合用此方式料理，可以选鲈鱼、鳕鱼、章红鱼等。蔬菜部分可以自由选放，洋葱、芦笋、番茄都很适合。而香料部分亦可选用迷迭香或者百里香，如果有新鲜的香料最佳，没有的话改用干燥的也可以。烘烤时间则是依鱼肉的厚度调整，薄一点的鱼块 15 ～ 20 分钟就会熟透。

200℃
20 分钟

盐烤香鱼

材料（2人份）

香鱼 2 条　　　　　　　　调味料
橄榄油适量（喷油用）　　　玫瑰盐适量
　　　　　　　　　　　　　黑胡椒粉适量
　　　　　　　　　　　　　七味粉少许
　　　　　　　　　　　　　柠檬少许

做法

1. 将香鱼清洗干净，用厨房纸巾擦干，在鱼鳍、鱼尾抹上一层厚盐，鱼身撒上少许盐。

2. 香鱼单面撒上玫瑰盐与现磨黑胡椒，用喷油瓶在鱼身喷上少许橄榄油，放入炸锅以 200℃烘烤 20 分钟。

3. 摆盘后放上柠檬、撒上少许的七味粉增加香气。

1. 清洗香鱼时加入盐巴搓洗，表面的黏膜可以洗得更干净。

2. 在鱼鳍、鱼尾抹上一层厚盐可以避免烧焦，成品会更好看。

3. 可以用竹签从鱼鳃刺进去，顺着脊椎从鱼尾出来，使香鱼呈现 S 形。

4. 加点柠檬皮一起烤，可以增加清香，也有去腥的效果。

变化款 炸秋刀鱼　　　　　　　　RECIPE 58

将秋刀鱼清洗干净，用厨房纸巾擦干。鱼尾抹上厚盐，用喷油瓶在鱼身喷上少许橄榄油。将鱼放入炸锅内，以 180℃烘烤 15 分钟。摆盘后撒上少许的七味粉以及柠檬汁增加香气。

180℃
7 分钟
∨
200℃
3 分钟

RECIPE 59

胡椒虾

材料（2人份）

鲜虾 600g
橄榄油适量（喷油用）

调味料
粗粒黑胡椒 3g
黑胡椒粉 3g
白胡椒粉 3g
盐 3g
鸡精 3g

做法 ────────────────────

1. 将鲜虾以喷油瓶均匀喷上橄榄油。放入炸锅中，以180℃烘烤 7 分钟。

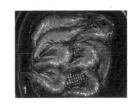

2. 完成后与所有调味料搅拌均匀。

3. 再放入炸锅中，以200℃烘烤 3 分钟即可。

1. 在虾表面喷油后再炸，才不会让表面白化，还能增加色泽。

2. 摆盘前可以在盘子上抹上一些黄油，让胡椒虾的余热熔化黄油，增添香气。

变化款 **柠檬虾**   RECIPE 60

将鲜虾开背后以喷油瓶均匀喷上橄榄油，并放入炸锅中，以180℃烘烤 7 分钟。将虾子取出之后与白胡椒粉少许、柠檬汁 50ml、二砂糖*50g、米酒少许搅拌均匀。接着再放入炸锅中，以200℃烘烤 2 分钟，起锅之后撒上葱花即可。

• 搅拌时糖没有融化完全是正常的，放入炸锅中加热，糖就可以完全熔化了。

编者注：* 指蔗糖第一次结晶后所产的糖，具有焦糖色泽与香味。

150℃
10 分钟
∨
180℃
10 分钟

RECIPE 61

盐烤多春鱼

材料（2 人份）

多春鱼 8 ~ 10 条
迷迭香少许
橄榄油适量（喷油用）

调味料
玫瑰盐少许
粗粒黑胡椒少许
七味粉少许
米酒适量

做法

1. 将多春鱼清洗干净，泡米酒去腥备用。

2. 在炸锅内铺上有洞的蒸笼纸，将擦干的多春鱼平铺排放，以喷油瓶在鱼的两面均匀喷上一层薄油。

3. 单面撒上玫瑰盐与现磨黑胡椒，以 150℃ 烤 10 分钟，再以 180℃ 烤 10 分钟让表面焦脆。

4. 摆盘后放上迷迭香、撒上少许的七味粉增加香气。

Tips 使用有洞的蒸笼纸，这样在烤鱼的过程中汁液可以流下来。

160℃
5 ▶ 5 分钟
∨
200℃
3 ▶ 3 分钟

鱼卵冷盘

材料（3 人份）

鱼卵 1 条
包菜 1/4 棵

调味料

米酒 2 小匙
薄盐酱油 2 小匙
美乃滋适量

做法 ————————————

1. 铝箔纸先大致折成方形，并放入鱼卵。

2. 淋上米酒及薄盐酱油后，用铝箔纸将鱼卵包裹住。

3. 冷冻鱼卵不需退冰，直接放入炸锅中，以 160℃ 烤 5 分钟，拉出来翻面再烤 5 分钟。

4. 打开铝箔纸，以 200℃ 烤 3 分钟，拉出来翻面再烤 3 分钟。

5. 等待的时间里可以将包菜切丝铺底摆盘。

Tips 刚炸好的鱼卵表皮酥脆，内里松软，还冒着热气。将鱼卵切片，挤上美乃滋、配上包菜丝，真的清爽好吃！

180℃
5 ▸ 2分钟

RECIPE 63

盐酥鲜蚵

材料（2 人份）

鲜牡蛎 200g
九层塔 20g
葱（切葱花）1 根
蒜头（切碎）适量
辣椒（切碎）半根
橄榄油适量（喷油用）

调味料
椒盐粉适量

裹粉
低筋面粉适量
蛋液适量
面包糠适量

做法 ———————————————————————

1. 新鲜肥美的鲜牡蛎一份，洗净备用。

2. 准备好低筋面粉、蛋液、面包糠，将鲜牡蛎先沾上一层薄面粉，再裹上蛋液，最后再滚上面包糠。

3. 完成后静置约 5 分钟等返潮，主要是要让粉可以粘得更紧。

4. 将裹好粉的鲜牡蛎放入炸锅，喷上适量的油。

5. 先以 180℃炸 5 分钟，加入九层塔并翻面补喷油，再以 180℃回炸 2 分钟。

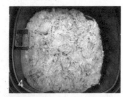

6. 撒上葱花、蒜末、辣椒碎以及必备椒盐粉，香酥可口，吃到停不下来。

(Tips) 鲜牡蛎没什么油脂，喷上足够量的油再炸制口感更嫩。

180℃
8 分钟
∨
200℃
3 分钟

香酥鱼块

材料（2人份）

鲷鱼片 300g	腌料	裹粉
鸡蛋 1 个	酱油 1 大匙	地瓜粉适量
葱（切葱花）1 根	米酒 1 大匙	
辣椒（切碎）适量	海盐 1 小匙	
橄榄油适量（喷油用）	白胡椒粉 1 小匙	
胡椒盐适量		

做法 ———

1. 鲷鱼片切块，加入腌料冷藏 1 小时备用。

2. 将腌好的鱼块裹上适量蛋液，均匀地沾上地瓜粉静置 10 ~ 15 分钟，等返潮。

3. 炸锅内放入烘焙纸，将鱼块放好，喷上适量的油，使表面看不到剩余的白色粉末。

4. 以 180℃炸 8 分钟后，拉开翻面，并取出烘焙纸，若看到有白色粉末的地方，喷上适量的油，再以 200℃炸 3 分钟。

5. 取出鲷鱼片，撒上适量的胡椒盐、葱花及辣椒碎即完成。

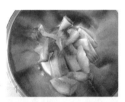

(Tips)
1. 步骤 2 静置等返潮可让地瓜粉不容易脱落。
2. 很多肉质较有弹性的鱼肉皆可作为鱼块基底，例如比目鱼、草鱼都很适合。

变化款 **糖醋酥鱼块**　　　　　RECIPE 65

将洋葱、蒜末放入外锅，以 180℃炸 3 分钟爆香。加入 4 大匙糖醋酱拌匀，以 180℃炸 2 分钟。接着再放入炸好的鱼块及彩椒块，沾上酱料拌匀，以 180℃炸 2 分钟入味，起锅后淋上 1 小匙的香油，就是一道超下饭的料理。

· **糖醋酱**
橄榄油 2 大匙与番茄酱 100g 混合，以小火炒一下。加入糖 100g、白醋 100g、水 100g 小火煮滚即可。1:1:1 是完美比例，可依自己需求增减调制量。冷藏约可保存一周。

180℃
12分钟

RECIPE 66

三文鱼菲力

材料（2人份）

菲力三文鱼排 200g	调味料
橄榄油适量	玫瑰盐适量
	粗粒黑胡椒适量
	迷迭香适量

做法 ——————————————

1. 将三文鱼排洗干净擦干，在鱼皮上划上数刀。

2. 在三文鱼两面撒上玫瑰盐与粗粒黑胡椒静置备用。

3. 在平底锅中倒入橄榄油，产生油纹后，鱼皮朝下煎约2分钟，过程中不要去动鱼排。翻面再将另一面煎至金黄。

4. 在炸锅内放入烤架，铺上烘焙纸，将煎好的三文鱼与迷迭香放上去，以180℃烘烤12分钟。

5. 烘烤后静置3分钟，盛盘。

1. 先用高温将三文鱼表面煎至金黄微焦，可以将鱼肉纤维组织硬化。如果没有这一道工序，三文鱼遇到急速的温度变化，里头的肉汁将会大量流失！

2. 煎三文鱼时，鱼皮朝下不要翻动它，就可以自然产生酥脆的表面。

3. 将三文鱼排放入炸锅时，将鱼皮朝上，三文鱼肉压着迷迭香，可以让三文鱼肉吸收迷迭香的香气，也能避免烧焦。

180℃
8 分钟

RECIPE 67

炸虾天妇罗

材料（2人份）

草虾8只
橄榄油适量（喷油用）

调味料

低筋面粉50g
鸡蛋1个
面包糠50g
七味粉适量

做法 ——————————————————————————————

1. 将草虾洗净后，把壳剥除留下虾尾。

2. 在虾腹横切数刀断筋，避免在炸制时卷曲。

3. 将虾依序裹上低筋面粉、蛋液、面包糠。

4. 在虾表面上喷油后以180℃炸8分钟，盛盘后撒上七味粉。

 Tips

1. 裹上面包糠后必须压实，粉才不容易掉下来。

2. 炸制前可用刀背将虾尾多余的面糊刮除，让成品更美观。

200℃
3 分钟

炙烧干贝

材料（2人份）

冷冻干贝 4 粒
三文鱼卵（或虾卵）适量
葱花少许
海苔 2 片

调味料
鲣鱼露少许
芥末少许
七味粉少许

做法 ————————————

1. 将冷冻干贝完全退冰，放入炸锅以 200℃烘烤 3 分钟。

2. 取出干贝后以喷枪炙烧表面，使表面产生焦脆感。

3. 在炙烧后的干贝上涂上一层鲣鱼露，再放到海苔上。

4. 在干贝上放上三文鱼卵、芥末、葱花，再撒上少许的七味粉即可。

Tips

1. 食材须使用生食级干贝，人工干贝的口感不好。

2. 因为每台空气炸锅的特性不同，所以烘烤时间可能需要 3 ~ 5 分钟，生熟程度视个人喜好而定。

5

米面主食

200℃
20分钟

RECIPE 69

菇菇炊饭

材料（2 人份）

白米 1 米杯（约 180ml）
过滤水 1.1 米杯
蟹味菇 1 包（或使用其他菇类）
海带 10cm 长

调味料
日式酱油 1 大匙

做法 ——————————————————————

1. 将蟹味菇洗净后切梗、一根根拨散。接着将白米洗净，预泡过滤水 20 分钟沥干备用。

2. 将海带泡入过滤水中，用微波炉加热 2 分钟。

3. 将步骤 1 的蟹味菇、白米和步骤 2 的海带热水一起放入烘烤锅内，加入日式酱油后，盖上铝箔纸或烤布密封好，放入炸锅中。

4. 以 200℃ 烤 20 分钟，时间到了请不要拉开炸锅，继续焖 10 ~ 15 分钟再拉开搅拌，炊好的海带可剪成小段，增加口感。

1. 米是靠焖熟的，所以一定要用铝箔纸或烤布密封好烘烤锅，由于空气炸锅是内旋风加热，可能会使铝箔纸卷起，所以最好用 304 不锈钢锅架压着。

2. 如果没有海带，则加入烘烤锅的 1.1 米杯的水一定要是热水，可以缩短加热的时间。

200℃
3▸3分钟
∨
180℃
3▸5分钟

焗烤青酱野菇松子意大利面

材料（2 人份）

意大利面 200g	调味料
杏鲍菇 1 根	青酱（制作见第 12 页）3 大匙
蟹味菇 20g	焗烤芝士碎 20g
鲜香菇 2 朵	无盐黄油 1 小匙
蘑菇 2 朵	黑胡椒 1/2 小匙
甜椒 10g	意大利香料 1/2 小匙
松子 20g	玫瑰盐 1/2 小匙
橄榄油 1 大匙	

做法

1. 将意大利面煮熟，捞起并加入橄榄油拌匀备用。

2. 将杏鲍菇切片平铺在炸篮中，以 200℃烤 3 分钟，再翻面烤 3 分钟备用。

3. 同时准备烘烤锅，加入黄油、蟹味菇、甜椒、香菇、蘑菇（全部切成适口大小）及松子，搅拌均匀后以 180℃炸 3 分钟，过程中可拉出来搅拌 1 ~ 2 次让食材受热更均匀。

4. 加入煮熟的意大利面、青酱、黑胡椒粉、玫瑰盐及意大利香料拌匀，此时可以试一下咸度。

5. 铺上干烤过的杏鲍菇片，再铺上适量的芝士碎，以 180℃焗烤 5 分钟，起锅前再在表面撒上些许意大利香料即完成。

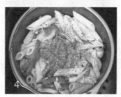

Tips

1. 在步骤 1 拌油可以保护面条不干掉，以及面条不粘在一起。

2. 步骤 2 为干烤杏鲍菇片，不需要放油。

180℃
3 ▸ 3 ▸ 5 分钟

RECIPE 71

海鲜炒面

材料（2～3人份）

油面 300g	**调味料**
鲜虾 6 只	米酒 1 大匙
鱿鱼 50g	白胡椒粉 1 小匙
乌贼 50g	白砂糖 1 小匙
裙边贝肉 30g	乌醋 1 小匙
蒜末 10g	香油 1 小匙
葱（切段）2 根	
橄榄油少许	
盐少许	

做法

1. 油面先以滚水汆烫 30 秒，捞起沥干备用。

2. 鲜虾去壳、去虾线，抓少许盐洗净备用。

3. 将鱿鱼及乌贼切成与裙边贝差不多的大小。

4. 在炸锅外锅放入橄榄油，加入蒜末以 180℃ 炸 3 分钟爆香。

5. 加入所有海鲜，淋上米酒，以 180℃ 炸 3 分钟。

6. 加入准备好的油面、葱段、白胡椒粉、糖、适量水分（食材外）拌匀，再以 180℃ 炸 5 分钟。

7. 起锅之前淋上乌醋及香油拌匀，利用余温焖 1 分钟即完成。

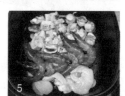

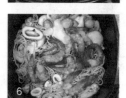

160℃
3▶3分钟
∨
180℃
1分钟

RECIPE 72

四色杏鲍菇宽面

材料（2～3 人份）

杏鲍菇 400g	**调味料**
橄榄油 2 大匙	粗粒黑胡椒 1/2 小匙
玫瑰盐 1 小匙	青酱（制作见第 12 页）1 大匙
白胡椒粉 1/2 小匙	番茄酱 1 大匙
	姜黄粉 1 小匙

做法

1. 杏鲍菇对切再切片，备用。

2. 放入空气炸锅外锅，加入橄榄油、玫瑰盐、白胡椒粉，以 160℃炸 3 分钟，拉出来搅拌后再续炸 3 分钟。

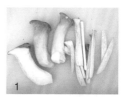

3. 四色面制作：将杏鲍菇取出，分成四等份，各自调味及盛盘即完成。
   · 黑胡椒：撒上黑胡椒粒搅拌，以 180℃炸 1 分钟。
   · 青酱：与酱料拌匀，以 180℃炸 1 分钟。
   · 番茄酱：与酱料拌匀，以 180℃炸 1 分钟。
   · 姜黄粉：与酱料拌匀，以 180℃炸 1 分钟。

Tips

1. 杏鲍菇出水很快，所以步骤 2 不用再添加其他水分。

2. 杏鲍菇非常会出水，炸出来的菇水是精华，不要倒掉，直接拿来煮汤非常鲜甜好喝。

RECIPE 73

茶泡饭

180℃
12 ▸ 5 分钟

材料（2 人份）

白饭两碗
去骨三文鱼 1 片
香松 * 适量
海苔适量
玄米茶包 1 包
柴鱼片 10g
热水 500ml

调味料

玫瑰盐适量
黑胡椒适量
七味粉适量

做法

1. 将三文鱼清洗干净，用厨房纸巾擦干，均匀撒上玫瑰盐与黑胡椒。

2. 将三文鱼放入炸锅，以 180℃烘烤 12 分钟。完成后静置放凉，接着将鱼肉与鱼皮分开。

3. 把鱼肉拨碎与白饭、少许香松搅拌均匀，将食材压入模具，或是用手捏成三角形。

4. 在炸锅内放入烤网，把饭团放上去，以 180℃烘烤 5 分钟，让表面产生一层香脆的锅巴。

5. 将饭团和海苔放在碗里。准备一壶 500ml 的热水加上一包玄米茶以及柴鱼片，浸泡 5 分钟。将茶汤淋在烤饭团上就是一碗精彩丰富的茶泡饭。

(Tips) 将鱼皮再放入炸锅以 200℃烘烤 2 分钟，可以更加酥脆。

编者注：* 以芝麻、紫菜、鲣鱼屑片、鱼粉、紫苏等原料捣细干燥后制成的鱼松状食品。

RECIPE 74

煮白米饭

200℃
30 分钟

材料（2 人份）

米 1 米杯（约 180ml）
热水 1.2 米杯

调味料
白醋 1 滴

做法 ——————————

1. 将米洗干净后，加入水浸泡 30 分钟。

2. 将浸泡好的米沥干，放入一只陶瓷盆中，再加入 1∶1.2 的热水。

3. 滴上一滴白醋，再盖上铝箔纸，铝箔纸上要戳一个洞，方便排水汽。

4. 将装有白米的陶瓷盆放入炸锅中，以 200℃烘烤 30 分钟。

5. 时间到了不用马上取出，继续在里面焖 15 ~ 20 分钟。

6. 取出后，轻轻搅拌，让多余的水汽蒸发即可。

Tips

1. 加入一滴白醋，可以让米粒本身更洁白。

2. 铝箔纸一定要包紧，要不然会被风扇卷上去。戳一个筷子大小的洞即可。

6

活力轻食

金枪鱼蟹管芝士烘蛋

180℃
10 分钟
∨
160℃
约 15 分钟

材料（3人份）

金枪鱼适量（金枪鱼罐头）　　　鸡蛋4个
蟹管肉适量　　　　　　　　　　洋葱丝少许
玉米粒3大匙　　　　　　　　　　葱花少许
淡奶油3大匙　　　　　　　　　　无盐黄油少许
马苏里拉芝士碎1大把

做法 ————————————

1. 准备好食材，先将无盐黄油以微波炉10秒2次的方式加热
   熔化，将烘烤锅整个锅内涂上一层薄薄的黄油。

2. 在锅底铺上洋葱丝，依序撒上蟹管肉、金枪鱼片、玉米粒，
   最后铺上满满的马苏里拉芝士碎。

3. 取一个大碗，将鸡蛋与淡奶油混合，以打蛋器将它搅拌均
   匀。

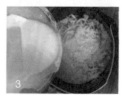

4. 将调好的蛋液倒入烘烤锅中不用搅拌，最上层可依个人喜
   好，撒上切好的葱花。

5. 以180℃烤10分钟后，盖上铝箔纸，再以160℃烤10～
   15分钟，最后将竹签插入烘蛋中看是否有沾黏，如无沾黏
   就可以起锅了。

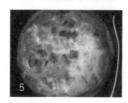

6. 烤熟的烘蛋因内锅涂有黄油，可试着使用脱模刀沿烘烤锅边
   划圈后，倒扣脱模。

Tips　烘蛋内的馅料可放入自己喜欢的食材，如栉瓜、玉米笋、
培根等，做出不同的变化。

150℃
8 分钟

焗烤法国面包

材料（2人份）

法国面包1根
欧芹适量
芝士碎适量
橄榄油适量（喷油用）

调味料
番茄酱适量
意大利综合香料适量

做法

1. 将法国面包切片，放入炸锅，单面以喷油瓶均匀喷上一层薄油。

2. 接着涂上番茄酱，撒上少许意大利香料、芝士碎。

3. 以 150℃ 烤 8 分钟，烤至芝士熔化呈现金黄色即可。摆盘后撒上些许欧芹增加色泽。

 假如没有意大利综合香料，可以使用现磨黑胡椒代替。黑胡椒在低温烘烤下可以产生浓郁的香气。

意式烤时蔬

180℃
7▸7 分钟

材料（2～3人份）

紫洋葱（切块）半个
西蓝花 3 ～ 5 小朵
栉瓜（切片）1 条
胡萝卜（切片）10g
地瓜（切片）20g
红黄甜椒（切片）半个
蘑菇（切片）4 朵
罗勒叶 10g

调味料

橄榄油 2 大匙
意式香料 1 小匙
海盐 1 小匙

做法

1. 将西蓝花、胡萝卜片、地瓜片用滚水氽烫 2 分钟备用。

2. 将所有时蔬放入炸篮，加入橄榄油拌匀，以 180℃ 炸 7 分钟。

3. 加入海盐及意式香料搅拌均匀，接着放入炸锅以 180℃ 炸 7 分钟。

4. 放入罗勒叶搅拌均匀，利用余温焖约 1 分钟。

1. 根茎类蔬菜熟成时间相对比较久，可先氽烫至半熟，或者也可以用低温炸制的方法先预炸，约以 120℃ 炸制 5 ～ 8 分钟。

2. 如果喜欢焦香一点的口感，可以用 200℃ 多炸 2 分钟。

140℃
7▶3分钟
∨
180℃
2▶2分钟

RECIPE 78

港式腐皮虾卷

材料（2 人份）

豆腐皮（俗称千张）1 张	调味料	蘸酱
猪绞肉 200g	玫瑰盐少许	番茄酱或酸甜酱适量
去壳虾仁 8 只	黑、白胡椒粉少许	
菱角或荸荠 8 个	马铃薯淀粉少许	
姜末少许	橄榄油 1 小匙	
香菜少许		
面粉少许		
橄榄油少许（喷油用）		

做法 ———————————

1. 将猪绞肉、烫熟的菱角（或荸荠）、去壳虾仁、姜末及香菜，加入调味料后，使用料理机搅打成浆状。

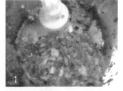

2. 将搅好的虾肉浆放在豆腐皮上面，卷成长条状，收口处使用些许面糊粘起来。

3. 将虾卷放进炸锅，使用喷油瓶在虾卷上喷油。

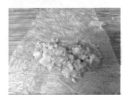

4. 以140℃烤7分钟，拉开将虾卷翻面补喷油续烤3分钟。接着再以180℃烤2分钟，拉开炸篮将虾卷翻面续烤2分钟。

5. 搭配番茄酱或酸甜酱一起吃，十分对味。

 Tips　猪绞肉可选带点肥肉的部分，这样馅料炸过后会比较湿润。

RECIPE 79

上海烤麸

材料（3人份）

烤麸 300g	调味料
干香菇数朵	橄榄油 2 大匙
笋片 30g	酱油 2 大匙
毛豆仁 30g	白砂糖 2 大匙
姜片 4 ~ 5 片	番茄酱 2 大匙
橄榄油适量（喷油用）	胡椒粉 1 小匙
	盐 1 小匙
	水 100ml

做法 ——————

1. 干香菇泡水后，切片备用；烤麸切适口大小，备用。

2. 将烤麸放入炸篮，正反两面喷上适量的油，以 180℃ 炸 7 分钟，拉出翻面一次续炸 8 分钟，炸好后盛盘备用。

3. 外锅放入橄榄油、姜片，以 180℃ 炸 3 分钟爆香。

4. 加入炸好的烤麸、干香菇、笋片、毛豆仁及调味料拌匀后，以 180℃ 炸 15 分钟，中间需拉出搅拌 2 ~ 3 次，将汤汁收干即完成。

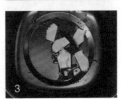

1. 泡过香菇的水可以替代一半水量加入，可增添香气。

2. 步骤 4 需看汤汁收干的状况微增减时间，目标是将汤汁收干保留微湿润即可。

3. 料理好的上海烤麸，冷藏后凉菜上桌，风味更佳。

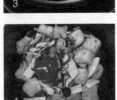

140℃
5分钟
⌄
160℃
3分钟

RECIPE 80

串烧培根金针菇卷

材料（2 人份）

培根 200g

金针菇半包

调味料

烤肉酱适量

黑胡椒少许

白芝麻少许（可省略）

做法 ————————————————

1. 将金针菇洗净后切梗、切段，培根切成两段备用。

2. 在培根上放上适量的金针菇，将金针菇卷起来，并用烤肉签子固定。

3. 在炸锅里放入烤架，将金针菇卷放上去，并刷上少许烤肉酱。

4. 以 140℃烤 5 分钟，拉开炸锅翻转一下培根卷，再以 160℃烤 3 分钟，撒上少许黑胡椒粒或白芝麻即可上桌。

 Tips　由于食材放置在烤架上，离炸锅的加热区较近，所以温度不要一下子转得太高，以免烤焦；培根本身就有咸度，所以刷烤肉酱时只需适量即可增添风味。

180℃
约 25 分钟

蜂蜜贝果

材料（6 人份）

高筋面粉 300g　　　蜂蜜水
速发酵母 5g　　　　水 800ml
蜂蜜 30g　　　　　蜂蜜 2 大匙
盐 5g
水 190ml

做法 ────────────────────

1. 将材料放入钢盆中，水保留 30ml。用手或是搅拌机揉捏成团，再慢慢加入剩下的水。

2. 面团搓揉 20 分钟左右使其产生筋性，揉到面团表面光滑。

3. 将面团滚圆后捏紧收口，放入钢盆中盖上保鲜膜，室温发酵 50 ~ 60 分钟到原先的 2 倍大。发酵好的面团放在桌面上将空气挤出，再平均分割成 6 等份。

4. 将 6 个面团滚圆，捏紧收口，盖上湿布静置 10 分钟。接着把面团擀成长形，像蛋卷一样卷起来（长约 30cm），再将头尾接合捏紧成圆圈状。接着把贝果放在烤盘上，表面喷水放室温发酵 30 分钟。

5. 将蜂蜜水煮沸，把贝果汆烫约 30 秒。

6. 汆烫好的贝果放入炸锅中，以 180℃烘烤 20 ~ 25 分钟至表面呈金黄色即可。

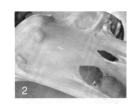

(Tips)
1. 面团发酵过程中，可以用手在中心戳洞。如果洞口没有回缩，表示面团发酵完成。

2. 贝果面团在发酵过程中，底下可以铺上一层烘焙纸避免沾黏烤盘。要汆烫时，连同烘焙纸一起下到滚水中，贝果就不会因为沾黏而变形。

3. 烘烤过程中，约 10 分钟时必须打开观察上色情况，并移动位置让上色更均匀。

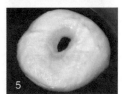

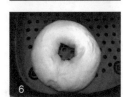

165℃
7分钟

乳酪吐司

材料（1人份）

吐司 1 片
鸡蛋 1 个
玉米粒适量

调味料

黑胡椒粉少许
玫瑰盐少许
马苏里拉芝士碎适量

做法 ——————————————————————————

1. 用汤匙将吐司沿着四周向下压，形成一个方形的凹槽。

2. 沿着吐司四周撒入玉米粒，再将鸡蛋打入玉米粒的中心。

3. 沿着蛋黄周边撒上马苏里拉芝士碎，再加上少许玫瑰盐和黑胡椒粉调味。

4. 将吐司放入炸锅以 165℃烤 7 分钟，即可享用。

 Tips

1. 芝士碎尽量往吐司四周边缘撒，不要盖住鸡蛋，以免内部蛋液不熟。

2. 如果喜欢吃全熟蛋，可以 170℃烤 8 分钟。

200℃
7分钟

RECIPE 83

巧达蛤蛎浓汤面包碗

材料（1 人份）

法国圆面包 1 个　　　　调味料
蛤蜊数个　　　　　　　无盐黄油 10g
洋葱（切末）1/4 个　　低筋面粉 5g
鸡高汤 100ml　　　　　黑胡椒少许
　　　　　　　　　　　盐 1 小匙
　　　　　　　　　　　淡奶油适量

做法 ─────────────────────────

1. 热锅将黄油熔化，加入洋葱末炒至半透明。

2. 加入一碗水，撒上少许面粉搅拌均匀。接着倒入鸡高汤煮滚后，放入蛤蜊。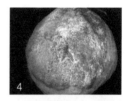

3. 蛤蜊煮开后，加入少许淡奶油以及盐调味。

4. 将圆面包放入炸锅中，以 200℃烘烤 7 分钟，烤至表皮完全变硬。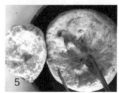

5. 切开面包盖，用夹子把里面的面包夹光。接着将浓汤倒入面包碗里，撒上黑胡椒或是欧芹即可。

 Tips

1. 加面粉时不要一次全倒，多分几次加入才不会结块。

2. 浓汤必须要浓稠，过稀可能会使面包吸收汤汁，导致面包碗软化漏水。

180℃
5▶5分钟

起酥金枪鱼派

材料（4 人份）
金枪鱼罐头 1 罐
美乃滋适量
酥皮 2 片

做法 ────────────────────────────────

1. 将金枪鱼罐头的油沥干后，加入适量的美乃滋搅拌均匀。

2. 将酥皮静置 5 分钟退冰，待软化后，对切成两片，各放入拌好的金枪鱼肉泥。

3. 将酥皮对折，把金枪鱼包覆在中心，在酥皮四周用叉子压上纹路，使其黏合。

4. 将包裹金枪鱼的酥皮放入炸锅以 180℃烤 5 分钟，拉出翻面再续烤 5 分钟。

 炸好的起酥金枪鱼派，温度很高，小心烫口，咸香滋味真好吃！

200℃
10 ▶ 10 分钟

炸豆腐佐泡菜

材料（6块）

水豆腐 1 盒   调味料
韩式泡菜适量   酱油膏适量
葱花适量
橄榄油适量（喷油用）

做法 ——————————————————————————————

1. 水豆腐切成 6 块，用厨房纸巾把水分擦干，轻压一下让水分
   出来。

2. 将切好的豆腐放在烤盘上，在豆腐上面喷些橄榄油，不用喷
   很多，只要让豆腐表面均匀地有些油即可。

3. 以 200℃烤 10 分钟，翻面再喷油续烤 10 分钟。

4. 将酱油膏跟泡菜塞入豆腐中，撒上葱花，在盘中放上适量泡
   菜，即可上桌。

1. 豆腐的水分要擦干，炸好的豆腐才会膨胀得漂亮。

2. 炸豆腐时尽量不要拉开炸锅，以保持温度。

180℃
8 ▶ 7分钟

春蔬百花油条

材料（3 人份）

	调味料	酸甜酱
老豆腐 *200g	盐 1/4 小匙	番茄酱 2 大匙
杏鲍菇 1 根	白砂糖 1/4 小匙	白砂糖 2 大匙
香菇 1 朵	香菇粉 1/2 小匙	白醋 2 大匙
紫菜 5g	胡椒粉 1/2 小匙	水 4 大匙
荸荠 40g	香油少许	马铃薯淀粉水适量
芹菜 15g		香油少许
姜 3g		
鸡蛋 1 个		
马铃薯淀粉 1 小匙		
香菜叶 3g	编者注：*老豆腐又称硬豆腐、水豆腐、板豆腐。	
油条 1 条		

做法 ————————————

1. 将材料（除了油条外）切成小丁，与所有调味料混合成泥做成馅料备用。

2. 油条从中间分成两条，切断以后，再对半剪开，酿入馅料。

3. 将酿好馅料的百花卷，表面喷上油，以 180℃炸 8 分钟，翻面再炸 7 分钟，即可盛盘取出。

4. 炸制完成的百花油条可直接蘸上酸甜酱享用，或将百花油条快速炒上酸甜酱料，盛盘取出后撒上适量香菜碎及淋上香油，即可美味上菜。

1

2

3

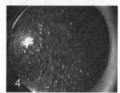

4

Tips

1. 豆腐易出水，使用前尽量沥干，或者用纱布将水分拧出更佳。

2. 步骤 2 的油条要软一点比较好剪，不然会碎掉，可以用微波炉稍微加热 10 ~ 20 秒，使其软化。

变化款 海味百花油条 　　　　　　　RECIPE 87

将乌贼 50g 打成泥，虾仁 30g 切成碎（保留一点块状，口感更好），加上米酒 1 大匙、白砂糖 1 小匙、姜末 2g、葱花 3g、马铃薯淀粉 1 小匙、白胡椒粉适量，均匀搅拌成内馅，填入油条中炸制即可。

160℃
5 ▶ 5 分钟

薯泥芝士鲜菇卷

材料（2 ~ 3 人份）

千张皮 10 张　　　　　　调味料

马铃薯 2 个　　　　　　　淡奶油 20g

芝士碎 30g　　　　　　　盐 1/2 小匙

玉米粒 20g　　　　　　　黑胡椒粉 1/2 小匙

杏鲍菇（切丁）2 根　　　白胡椒粉 1/2 小匙

香菇 5 朵

蟹味菇 20g

白玉菇 20g

橄榄油适量（喷油用）

做法

1. 将马铃薯切块蒸熟备用。

2. 将数种菇类切小丁备用。

3. 将蒸熟的马铃薯、菇类、玉米、芝士碎及所有调味料混合拌匀成馅。

4. 千张皮铺平，放入适量馅料先将底部往内折，再将两边往内折，卷起包好成卷。

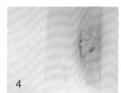

5. 在炸篮里铺上烘焙纸，放入芝士鲜菇卷，喷上适量的油，先以 160℃ 炸 5 分钟，翻面喷上适量的油再炸 5 分钟，即完成。

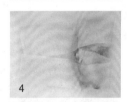

Tips 　馅料可以自由发挥，例如使用猪绞肉、包菜等，使用千张皮包成卷的空气炸锅料理，皮薄馅多，趁热吃非常酥口。

> **变化款 包菜猪肉千张卷**　　　　　　　RECIPE 89
>
> 包菜 300g 洗净切碎加少许盐脱水沥干，加入猪绞肉 500g、葱花两根、水 3 大匙、酱油 3 大匙、姜末 1 小匙、白胡椒粉适量、香油适量，全部混合均匀，以千张皮包成卷再以 180℃ 炸制 15 分钟即可。

200℃
3分钟
∨
160℃
5▸2分钟

起酥金针菇

材料（2 人份）

金针菇一包

做法 ————————————————

1. 将金针菇的蒂头切去，用湿的厨房纸巾稍微将金针菇擦拭干净即可。

2. 将金针菇完全剥开，剥成一丝一丝的，蒂头不要相连。

3. 在空气炸锅的炸篮里铺上烤网，再把剥丝的金针菇放入炸篮，上面用烤架压住。

4. 以 200℃烤 3 分钟，先稍微烤干水分，拉出炸篮翻动一下，再以 160℃烤 5 分钟，拉开再翻搅一下，继续以 160℃烤 2 分钟。

5. 烤得又香又酥的金针菇，热的时候咬起来很脆口，降温之后的口感像鱿鱼丝，很适合当下酒的小点心喔！

1. 金针菇不要用水洗，不然无法烤干。

2. 底下放烤网可避免金针菇在烘烤时出水，粘住锅底；上面压烤架，可防止金针菇烤干时，因为空气炸锅的旋风效应，被整个卷到热导管上面去。

200℃
5 分钟
ˇ
165℃
7 分钟

葱油饼加蛋

材料（1 人份）

葱油饼或葱肉饼 1 片
蛋 1 个

调味料
胡椒盐少许
酱油膏或辣椒酱少许

做法 ─────────

1. 将冷冻的葱油饼或葱肉饼直接放入空气炸锅中。

2. 以 200℃烤 5 分钟后翻面，中央稍微用汤匙压低，并打一个蛋（或散蛋）进去。

3. 以 165℃烤 7 分钟，撒上胡椒盐及酱油膏或辣椒酱，对折或切片后即可享用。

Tips 以 165℃烤 7 分钟可得到半熟蛋的效果，如果想吃全熟蛋的话，可以再多烤 2 分钟。

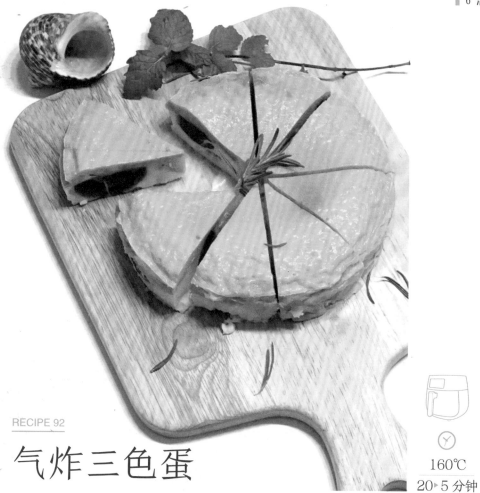

RECIPE 92

气炸三色蛋

160℃
20 ▶ 5 分钟

材料（4 人份）

鸡蛋 5 个
鸭蛋 2 个
皮蛋 2 个

调味料
鲣鱼粉适量
（视个人喜好添加）

做法 ————

1. 鸭蛋与皮蛋取一锅滚水煮开，以防蛋黄没有熟。

2. 将鸡蛋的蛋白与蛋黄分开，分别搅拌后放置碗中备用。鸭蛋与皮蛋剥壳后切碎备用。

3. 将鸡蛋蛋白与切碎的鸭蛋和皮蛋放入碗中或模具中，充分搅拌。

4. 在模具上盖上铝箔纸放入炸锅中，以 160℃ 烘烤 20 分钟。接着再倒入蛋黄，以 160℃ 烘烤 5 分钟。

5. 完成后放凉，包上保鲜膜放入冰箱中冷藏 2 小时。

1. 蛋白与鸭蛋、皮蛋混合时，可加点鲣鱼粉增加风味。
2. 冷藏后的三色蛋，比较好脱模，而且风味更佳。

180℃
4▸4分钟

溏心蛋

材料（8 人份）

新鲜鸡蛋 8 个　　　　酱汁
　　　　　　　　　　酱油 1 杯
　　　　　　　　　　清酒 1 杯
　　　　　　　　　　味淋 1 杯
　　　　　　　　　　花椒数粒
　　　　　　　　　　八角 1 颗
　　　　　　　　　　月桂叶（香叶）2 片

做法 ————————————————————————

1. 将鸡蛋放入空气炸锅中以 180℃烘烤 4 分钟。

2. 鸡蛋翻面后再以 180℃烘烤 4 分钟。

3. 完成后将鸡蛋放入冷水之中浸泡 10 分钟剥壳备用。

4. 将酱汁搅拌均匀后煮沸放凉。

5. 准备一个容器，将鸡蛋与酱汁倒入，冷藏腌制一晚即可。

1. 如果酱汁无法淹过鸡蛋，可以覆盖一层厨房纸巾，让纸巾吸附酱汁，覆盖在鸡蛋上。

2. 每台空气炸锅特性不同，可前后调整 1 ~ 2 分钟，视个人喜好而定。

180℃
2 ▶ 10 分钟
∨
200℃
2 分钟

酒蒸蛤蛎

材料（2 人份）

蛤蜊 300g	调味料
葱花适量	橄榄油 20ml
大蒜（切末）2 瓣	清酒 20ml
姜（切片）20g	酱油 5ml
辣椒 1 根	黄油 10g

做法 ————————————————————

1. 准备一个烤盘，倒入橄榄油、蒜末、辣椒片，放入空气炸锅中以 180℃炒 2 分钟爆香。

2. 将蛤蜊倒入烤盘中淋上清酒与酱油，以 180℃烘烤 10 分钟，再加入黄油以 200℃烘烤 2 分钟，完成之后撒上葱花。

 烤好的蛤蜊可以加入少许的九层塔增加香气。

160℃
15 分钟
⌄
180℃
15 分钟

大阪烧

材料（2 人份）

包菜半棵	酱汁	调味料
低筋面粉 20g	酱油 30ml	柴鱼片少许
鸡蛋 1 个	鲣鱼露 30ml	鲣鱼粉少许
培根 4 片	清酒 30ml	美乃滋少许
水 100ml	蒜泥适量	七味粉少许
泡打粉 8g	苹果泥适量	
橄榄油适量（喷油用）	冰糖少许	
	辣椒适量	

做法 ———————————————————————————

1. 低筋面粉、水、泡打粉与少许鲣鱼粉均匀搅拌。

2. 将包菜切碎，再与面糊充分搅拌。

3. 在包菜面糊中加入一个生鸡蛋搅拌均匀。

4. 在炸锅内锅底盘铺上一层烘焙纸，放上一层培根，接着倒入面糊，在表面喷油后，以 160℃烘烤 15 分钟至表面微焦。

5. 翻面后再以 180℃烘烤 15 分钟。

6. 将所有酱汁材料搅拌均匀后煮滚，备用。

7. 在成品表面涂上酱汁，撒上海苔丝，挤上美乃滋，再撒上柴鱼片以及七味粉即可。

1

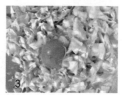
3

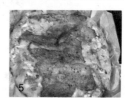
5

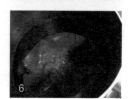
6

(Tips) 可挤上少许的芥末增加风味。

160℃
50分钟

普罗旺斯杂菜煲

材料（2 人份）

绿栉瓜 1 条	酱汁
黄栉瓜 1 条	洋葱半个
牛番茄 2 个	大蒜 2 瓣
马铃薯 2 个	甜椒 2 个
茄子 1 条	牛番茄 2 个
橄榄油适量	胡萝卜 1 根
	迷迭香一小株
	玫瑰盐少许
	黑胡椒少许

做法

1. 用橄榄油热锅，将洋葱末炒至半透明，把蒜末倒入炒香。再将甜椒丁、番茄丁、胡萝卜丁倒进锅中炒软。

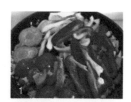

2. 在炒好的蔬菜中加入迷迭香、玫瑰盐、黑胡椒，再用料理机打碎成酱。

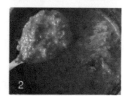

3. 将两种栉瓜、番茄、马铃薯、茄子切片备用。

4. 准备一个烤盘，底部涂上一层薄酱汁，再将切片蔬菜依序摆上，表面用喷油瓶均匀喷上橄榄油。

5. 烤盘包上铝箔纸放进炸锅中，以 160℃ 烘烤 50 分钟即可。

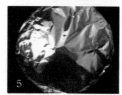

变化款 蔬菜奶油浓汤   RECIPE 97

用剩的蔬菜酱汁 200ml 加入黄油 10g、水 200ml，就是一碗美味的蔬菜奶油浓汤。

7

烘焙甜点

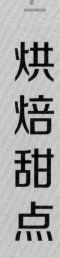

140℃
10▸30 分钟

RECIPE 98

爆浆核桃巧克力布朗尼

材料（2～3人份）

生核桃仁 50g	盐 1g
苦甜巧克力 120g	低筋面粉 60g
无盐黄油 60g	可可粉 5g
白砂糖 25g	巧克力砖 30g
鸡蛋 2 个	

做法 ————————————————————————

1. 生核桃仁放入炸锅，以 140℃烘烤 10 分钟，中间可拉出来摇一下，放凉备用。

2. 将低筋面粉、可可粉、糖过筛备用。

3. 将无盐黄油、苦甜巧克力放入钢盆隔水加热熔化。

4. 将过筛后的低筋面粉、可可粉、糖倒入巧克力黄油糊中，打入鸡蛋，放入盐，慢慢搅拌均匀。

5. 放入准备好的核桃仁搅拌均匀成巧克力糊，准备 6 寸（直径约 15cm）的蛋糕模，先倒入一半巧克力糊，放入巧克力砖，再把剩余巧克力糊倒入。

6. 将蛋糕模放入空气炸锅以 140℃烤 30 分钟，取出放凉即可食用，冷藏后更好吃喔！

Tips

1. 烘烤完成后，可先用竹签刺入布朗尼周边没有巧克力砖的部分，若没有沾黏即是熟透，若未熟透，可以用中低温 140℃再加热数分钟。

2. 此配方是减糖清爽配方，扎实浓郁的巧克力，有点甜又不太甜的滋味，可以一口接一口地享用，如果喜欢甜一点的朋友可以微调糖的分量，亦可不要填入巧克力砖，单纯享用巧克力布朗尼的滋味。

3. 在步骤 3 里面加入 2 颗巧克力球一起熔化制作，口感更有层次喔！

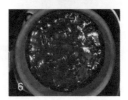

RECIPE 99

三色 QQ 球

材料（2 ~ 3 人份）

红地瓜 100g
黄地瓜 100g
紫薯 100g
木薯粉 40g（每份）
橄榄油适量（喷油用）

调味料
白砂糖 15 ~ 20g（每份）

做法 ——————————————————

1. 将地瓜蒸熟后，趁温热时压成泥。

2. 在每份地瓜泥中加入木薯粉、白砂糖（地瓜：木薯粉：砂糖 =
   100：40：15）。

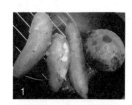

3. 搅拌均匀后，用手揉捏至地瓜泥和木薯粉能结合成团状，且
   不会沾黏在手上。

4. 每 15g 为一单位搓成小球，将地瓜球均匀滚上橄榄油后，
   放入炸锅中，以 150℃ 烤 8 分钟。

5. 拉开炸篮，用硅胶夹轻夹地瓜球，这时候应该会有点回弹，
   再喷上橄榄油，以 200℃ 烤 2 分钟，拉出炸篮再夹压一次地
   瓜球，喷上橄榄油续烤 2 分钟。

 Tips

1. 黄地瓜本身较甜，只需放约 15g 的糖；红地瓜及紫薯
   可放 20g 的糖，提升味道。

2. 揉捏成团时，如果地瓜水分不够会较难成形，可加入
   些许牛奶或温水，让粉与地瓜泥较容易融合。

3. 将地瓜球放入保鲜袋中，往保鲜袋中喷入橄榄油，可
   节省时间让每一颗地瓜球均匀地裹上油脂。

4. 地瓜球放入炸锅时，每颗之间需有间隔，避免沾黏。

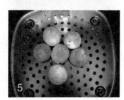

170℃
10 分钟

RECIPE 100

菠萝小松饼

材料（2 人份）

松饼粉 200g   调味料

无盐黄油 40g   蜂蜜适量

鸡蛋 1 个

做法 ————————————————————————————————

1. 先将无盐黄油以微波炉 10 秒加热一次为单位，分 2 次熔化后倒入钢盆内，接着倒入松饼粉、鸡蛋液，一起搅拌成团状。

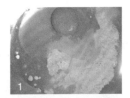

2. 面团以 20g 为单位，揉成圆形小球，放在烘焙纸上。

3. 在圆面团上以刀背轻轻压出井字纹路或菱格纹。

4. 将完成的面团放入炸锅中，以 170℃烤 10 分钟出锅，佐以蜂蜜食用。

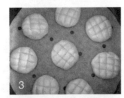

变化款 菠萝紫薯松饼   RECIPE 101

在搅拌成团时，可以将煮熟的紫薯（1/4 个，约 60g）放入一起搅拌，以同样温度烘烤，即可成为色泽美丽的菠萝紫薯松饼，搭配蜂蜜一起食用，风味更佳。

RECIPE 10

传统蛋黄酥

材料（10 颗）

咸蛋黄 10 个
奶油乌豆沙馅 250g
蛋黄 1 个
黑芝麻或白芝麻适量
米酒适量

油皮制作材料
中筋面粉 110g
高筋面粉 20g
糖粉 20g
无盐黄油 40g
冷开水 50g

油酥制作材料
低筋面粉 100g
无盐黄油 50g

做法

1. 油皮制作：面粉、糖粉过筛后，将油皮材料依顺序放入钢盆中，慢慢混合，慢慢加水，边加水边混合，将其揉成光亮的面团即可（揉太久面团会产生筋性，烤好后口感会偏硬），然后包上保鲜膜，静置 30 分钟。

2. 油酥制作：面粉过筛后，将无盐黄油切成小块，快速将二者整合成团，静置 30 分钟。

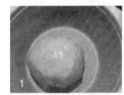

3. 静置等待的时间，将咸蛋黄泡米酒约 5 分钟后，放入炸锅以 160℃炸 5 分钟；将奶油乌豆沙馅分为每份 25g 搓揉成圆球后压扁，包裹住咸蛋黄，再搓揉成圆球，冰到冰箱中。

4. 将静置后的油皮、油酥分成 10 等份，揉成圆球（油皮约 24g、油酥约 15g，也可以先用秤称好总重量，很精准地除以 10），将油皮压扁成圆形，包裹住油酥后，再轻轻揉成圆球即可。

5. 用擀面棍将上述的油皮包油酥，从中间轻轻往下按压，然后从中间往下轻轻擀平，再从中间往上轻轻擀平，擀成如牛舌饼的形状（切忌不要来回擀动，以不弄破整个酥皮为原则），再将擀平的牛舌饼形状面皮由下往上轻轻卷起，盖上保鲜膜，静置 15 分钟。

6. 酥皮松弛后，再将酥皮摆直，重复一次上述动作，将其擀成如牛舌饼的形状，再卷起来，静置 15 分钟。

7. 用拇指将酥皮从中间压下去，再以拇指、食指将两侧拉挤至中间后压扁。翻到背面，以擀面棍将酥皮轻轻擀成圆形，再翻回正面（有纹路的那面），包入豆沙馅揉成圆球，表面就会很光亮了！

8. 将收口处朝下，在蛋黄酥上方用刷子以绕圆圈的方式轻轻涂抹蛋黄液 2 次，再撒上些许芝麻。最后，将蛋黄酥一颗颗放入炸锅（每颗中间要有间隔），以 170℃烘烤 15 分钟就完成了！

 Tips

1. 炸过的咸蛋黄较容易松散，在用乌豆沙包裹时需小心轻揉，以免裂开。

2. 将酥皮擀成牛舌状时，长度可以擀长一些，做出来的蛋黄酥层次会更丰富。

3. 涂抹蛋黄液的时候，以绕圆圈方式涂抹，烤出来的样子比较好看。

4. 蛋黄酥冷藏后，以空气炸锅 170℃回烤 3 ～ 5 分钟就很好吃，不用怕一次做太多吃不完的问题；如果放置在冷冻室可延长保存期限，取出时以 170℃回烤 8 ～ 10 分钟，一样酥脆可口。

160℃
5 分钟

∨

170℃
约 15 分钟

材料（8 颗）

咸蛋黄 8 个
奶油乌豆沙馅 200g
大片酥皮 4 ~ 5 片
蛋黄 1 个
黑白芝麻适量
米酒适量

做法 ————————————

1. 酥皮可到市场上购买，如需自己制作可参照第 181~182 页。

2. 将咸蛋黄泡米酒约 5 分钟后，放入炸锅以 160℃烤 5 分钟。

3. 奶油乌豆沙馅每份 25g 搓揉成圆球后压扁，将步骤 2 的咸蛋黄包裹住，再搓揉成圆球。

4. 取酥皮 25g，揉成圆球后压平，再包裹住步骤 3 的乌豆沙蛋黄，揉成圆球。

5. 在揉好的蛋黄酥上涂抹蛋黄液 2 次，再撒上芝麻粒。

6. 将蛋黄酥放入炸锅中，以 170℃烘烤 12 ~ 15 分钟，取出即完成。

(Tips) 使用从烘焙坊购买的酥皮，退冰后较柔软，揉成圆球后可在桌面撒上些许面粉再压平，避免酥皮粘手，之后再包裹乌豆沙蛋黄。

RECIPE 104

葡式蛋挞佐咸蛋黄

材料（6个）

米酒适量	淡奶油 60g
咸蛋黄 6 个	蛋 1 个
酥皮 5 张	白砂糖 25g
牛奶 60g	蛋挞铝箔模具 6 个

做法 ————————————————————————

1. 酥皮退冰至柔软状态之后，将 5 张酥皮叠在一起（每张酥皮中间沾点水，增加黏着性），再卷成一卷，每 1.5cm 为一切，切成 6 段。

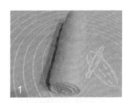

2. 将切段后的酥皮，用擀面棍擀成圆形后，压入模具中。

3. 咸蛋黄先用米酒浸泡 5 分钟，再以 160℃烤 5 分钟。

4. 调蛋挞液：将牛奶、淡奶油、蛋及糖，依序放入钢盆均匀搅拌后，过筛两次。

5. 将蛋挞液倒入模具中，并于蛋挞模中央放入烤好的咸蛋黄。

6. 以 170℃烘烤 12 分钟，烤熟后稍微冷却，脱模翻面，背后再烤 5 分钟。

 Tips

1. 倒入内馅时，只需倒八分满，因加热时内馅会膨胀，倒太满内馅容易溢出来。

2. 擀酥皮时，可在烘焙垫上撒些许面粉，避免沾黏。

170℃
8▶5分钟
∨
160℃
8分钟
∨
150℃
20分钟

古早味蛋糕

材料（6 寸蛋糕）（直径约 15cm）

鸡蛋 2 个   芝士片 2 片
牛奶 30g   糖粉 25g
色拉油 15g   柠檬汁 1/4 茶匙
低筋面粉 35g（过筛）   香草精 3 滴

做法 ————

1. 制作蛋黄糊：将牛奶、色拉油搅拌至乳化后，加入低筋面粉及蛋黄 2 个，用搅拌匙轻轻拌匀后，用保鲜膜封好，放置冰箱。

2. 制作蛋白霜：将 2 个蛋的蛋白，以电动搅拌机转中速搅打至硬性发泡。

3. 将打好的蛋白霜，分三次拌入蛋黄糊中，由下往上翻动，用切拌的方式拌匀（切拌的时候勿以绕圆的方式翻搅蛋白霜与面糊，以免蛋白霜消泡）。

4. 拌好的面糊，先倒入一半的量至 6 寸烤模或耐热 400℃的玻璃保鲜盒中，轻敲烤模，让空气震出后，铺上 2 层芝士片，再倒入剩下的面糊。

5. 空气炸锅以 170℃预热 8 分钟后，将面糊放入空气炸锅中，先以 170℃烤 5 分钟让表面定型，拿出来在蛋糕面上划十字，再以 160℃烤 8 分钟，最后盖上铝箔纸，以 150℃烤 20 分钟。

6. 将烤好的蛋糕拿出，倒扣 1 小时放凉后，再以脱模刀沿周围绕圈，即可顺利脱模。

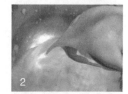
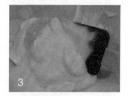

 Tips   步骤 2，将蛋白霜打成粗泡泡时，加入一半糖粉；打成细泡泡时再加入剩余的糖粉与柠檬汁；打到有云朵形状时，加入香草精转低速再打 30 秒；打到捞起蛋白霜能形成一个勾勾不会掉下来时，即为硬性发泡完成。

变化款 古早味肉松蛋糕   RECIPE 106

芝士片也可换成肉松，即可成为古早味肉松蛋糕。

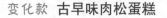

180℃
25
约 6 分钟

RECIPE 107

法式烤布蕾

材料（2杯）

淡奶油 100g
牛奶 200g
白砂糖 25g
鸡蛋 3 个
香草精少许

做法 ————————————————————————

1. 将淡奶油、牛奶、砂糖倒在小锅中，慢慢加热煮至微微冒小泡泡即可关火（不要煮滚），再加入 2~3 滴香草精。

2. 取 3 个鸡蛋的蛋黄，用打蛋器将其打散后，将步骤 1 的布丁液缓缓倒入，再均匀搅拌一下。

3. 将步骤 2 的蛋液过筛 3 次后，倒入容器中，倒至九分满，不溢出即可。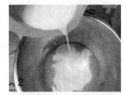

4. 接着将容器放入炸锅中，盖上一层铝箔纸，再用烤网或 304 不锈钢架压住铝箔纸。

5. 以 180℃烤 25 分钟，拉开炸篮，将铝箔纸拿开，再续烤 5 ~ 6 分钟烤出布蕾表面的焦黄色。

6. 放凉后的烤布蕾冰到冰箱后，隔天再食用，风味更佳。

Tips

1. 如要制作较大量的烤布蕾，可将淡奶油与牛奶以 1：2 的分量调配制作。

2. 铝箔纸上面一定要压不锈钢架，不然铝箔纸会飞起来碰到上面的导热管。

3. 烤好之后，可用牙签插入烤布蕾，不沾黏就表示布蕾内部已熟透。

4. 布蕾在加热后会收缩，所以布丁液不要倒太少。

5. 冰过的布蕾，在食用前可撒上砂糖，再用喷枪将砂糖表面烤焦，会更好吃！

160℃
3 ▸ 7 分钟

RECIPE 108

泰式香蕉煎饼

材料（1 人份）

千张豆腐皮 4 张　　　　调味料
鸡蛋 1 个　　　　　　　巧克力酱适量
香蕉 1 条　　　　　　　炼乳适量
水果切片适量

做法 ———————————————————————————————

1. 将蛋打成蛋液，并加入切好片的香蕉备用。

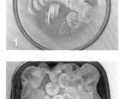

2. 在炸锅内放入烘烤锅，铺上烘焙纸，放入千张豆腐皮 2 张，再倒入香蕉蛋液。

3. 将四角往内折包好，以 160℃炸 3 分钟，先让蛋液凝固。

4. 取出翻面再包一张千张皮，以 160℃炸 7 分钟。

5. 取出切分后淋上炼乳、巧克力酱，再搭配一些水果切片，美味健康的小点心即完成。

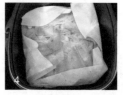

Tips 千张豆腐皮是个非常好用的东西，很薄，烤后口感酥脆，可以包各种咸的甜的东西拿来炸制。例如，包入麻糬、豆泥，就变成小点心；包入玉米粒拌蛋液，就变成类蛋饼；包入调味好的虾泥配上泰式酸甜酱就是美味的月亮虾饼。

变化款 **千张年糕**　　　　　　　　　　RECIPE 109

取一张千张皮，直接将切块的年糕（约 0.5cm 厚）包好，若是冷冻的年糕约以 160℃炸 7 分钟，常温年糕以 160℃炸 4 分钟。

160℃
5 分钟
∨
180℃
12 分钟

RECIPE 110

法式栗子酥

材料（5份）

法式栗子馅 125g
烘焙咸蛋黄 5 个
酥皮 3 片
米酒适量

做法 ────────────────────────────────

1. 先将法式栗子馅分成 25g 一份，并擀成圆形面皮备用；咸蛋黄用米酒浸泡 10 分钟后，以 160℃烤 5 分钟。

2. 将蛋黄放在法式栗子馅皮上并包覆起来。

3. 将酥皮一片对切为两份，并把前后裁切成方形包裹住栗子馅。

4. 将法式栗子酥放入炸锅中，以 180℃烤 12 分钟即可。

Tips　馅料类材料可从烘焙坊购入，可以尝试用以上方法做出各种不同馅料的下午茶人气小点。

170℃
12分钟

RECIPE 111

手工蔓越莓司康

材料（12个）

中筋面粉 200g

细砂糖 25g

蔓越莓干 60g

泡打粉 5g

无盐黄油 40g

冰牛奶 80g

做法 ───────────────────────

1. 中筋面粉过筛后，依序加入细砂糖、蔓越莓干、泡打粉。

2. 无盐黄油切成丁状加入钢盆中，用手慢慢搅拌均匀，混合成沙砾状，再将牛奶慢慢加入，搓揉成团。

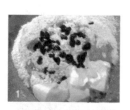

3. 将上述面团擀平对折共三次，再以保鲜膜封起，放入冰箱冷藏 1 小时。

4. 将冷藏面团取出，以 40g 一个为单位，揉成圆球后再轻轻压扁，厚度约 2cm；或使用喜欢的模具，压出想要的形状。

5. 将司康放入炸锅中，以 170℃ 烘烤 12 分钟。

6. 对切开来，抹上果酱或蜂蜜，即可食用。

变化款 **抹茶饼干**　　　　　RECIPE 112

在面团整形的过程中，可将面团分成 2 份，其中一份揉入 5g 抹茶粉，做成不同的口味！

180℃
5▸5分钟

酥皮莓果卷

材料（7份）

酥皮 3 片
莓果酱适量
鸡蛋 1 个
糖粉少许

做法 ————————————————————————

1. 将酥皮放置室温等待软化后，每一层都涂抹上莓果酱，将 3 片酥皮叠起来后，稍微轻压四周，使其黏合。

2. 以 1.5cm 为间隔切一刀，将酥皮切成长条状后，用扭转的方式，将酥皮扭成螺旋状，再绕成一个小圈圈，压牢两边的接口。

3. 在炸锅内铺上烘焙纸，将圆形酥皮放上去，并在上面涂抹少许蛋液。

4. 以 180℃烤 5 分钟后翻面，再续烤 5 分钟，最后撒上少许过筛后的糖粉即可。

(Tips) 涂抹果酱时不要涂太厚，以免炸制时爆浆不易成形。

180℃
6▸6分钟

RECIPE 114

蝴蝶酥佐花生酱

材料（8个）

花生酱 2 大匙
酥皮 2 片

做法

1. 花生酱先用微波炉加热 2 次 10 秒，让花生酱熔化。

2. 在第一层酥皮上涂抹花生酱，再覆盖上第二层酥皮。

3. 趁酥皮微微软化时，将两边向中线对折，再对折。

4. 以 1.5cm 为间隔切一刀，将酥皮切成 8 等份后，放入炸锅中。

5. 以 180℃烤 6 分钟，拉出翻面再续烤 6 分钟，即可享用。

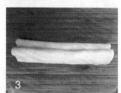

 Tips

1. 涂抹微温的花生酱时，动作要快，以免酥皮过度软化，变得不好折。

2. 如果折好的酥皮太软，可将酥皮先放置冷冻室 10 分钟，等稍微冰硬一点再拿出来切。

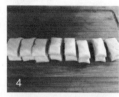

3. 烤好的蝴蝶酥可静置 5 ~ 10 分钟，待温度降低再吃，会更酥脆可口。

4. 原味蝴蝶酥，可用砂糖取代花生酱，撒在两层酥皮中间，其余步骤用相同的温度、时间制作就可以。

165℃
约 25 分钟

RECIPE 115

黑糖烤燕麦片

材料

燕麦 400g

腰果 50g

葡萄干 50g

蔓越莓或综合果干 50g

综合坚果 50g

调味料

蜂蜜 2 大匙

橄榄油 2 大匙

盐少许

黑糖浆 1.5 大匙

做法

1. 将所有的材料倒入钢盆中，并依序加入蜂蜜、橄榄油、盐，搅拌均匀，如果感觉太黏稠可以再加一些燕麦片。

2. 将拌好的综合燕麦放入炸锅中，以 165℃烤 20 ~ 25 分钟，每 8 ~ 10 分钟打开搅拌一下，最后一次搅拌时加入黑糖浆，烤出香气，并烤到金黄酥脆。

3. 最后务必将烤好的燕麦倒出来，摊平降温，等它转为酥硬后再掰成小块装盒放置冰箱即可。

Tips

1. 市面上有卖原味综合坚果，可以随自己的喜好，与燕麦一起放进去烤。

2. 烤好的燕麦如果没倒出来降温，冷却后会卡在烘烤锅挖不出来，所以一定要记得烤好之后要倒出来摊平！

3. 黑糖浆最后才放以免烤过久有苦味。

超搭料理 烤燕麦搭配酸奶风味绝妙，一定要试试！

坚果挞

材料（18 ~ 20 份）

小挞皮 18 ~ 20 个   焦糖液

夏威夷果 150g   无盐黄油 30g

南瓜子仁 50g   细砂糖 30g

核桃仁 30g   麦芽糖 20g

松子 20g   蜂蜜 60g

杏仁 30g   淡奶油 30g

腰果 30g   黑糖 10g

做法

1. 用叉子在挞皮底部戳一些透气洞口，以 150℃炸 8 ~ 10 分钟，备用。

2. 各式坚果以 140℃炸 10 ~ 20 分钟，备用。

3. 煮焦糖液：取一小锅，用小火熔化黄油，加入细砂糖、麦芽糖、蜂蜜、黑糖，煮至起泡且完全熔化，关火，再加入常温淡奶油拌匀。

4. 将坚果加入焦糖液中拌匀。

5. 将裹好焦糖液的坚果倒入挞皮后，美味坚果挞即完成，冷藏后风味更佳。

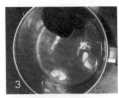

 Tips

1. 坚果的营养价值很高，用空气炸锅中温烘焙坚果非常方便，但须视坚果大小及量来决定温度及时间。例如杏仁、夏威夷果因为比较大颗，可能要以 120 ~ 140℃炸 15 ~ 20 分钟，南瓜子仁、松子仁可以降温至以 100 ~ 120℃炸 10 ~ 15 分钟，放凉即可食用。

2. 除了原味以外，喜欢甜味的可以加入细冰糖粉一起炸，喜欢咸味的可加入椒盐，放凉常温可保存 5 ~ 7 天，也可吃多少烤多少，每天新鲜现吃。

200℃
8 分钟

RECIPE 117

炙烧焦糖葡萄柚

材料（2 人份）

葡萄柚 1 颗

调味料
二砂糖 *1 小匙
蜂蜜 1 小匙
白兰地少许

做法

1. 把葡萄柚对切后将果肉用汤匙完整地挖出来，再将挖出的果肉对切成四份，放回葡萄柚果皮中。

2. 在果肉表面涂上一层蜂蜜，再撒满二砂糖，淋上少许的白兰地。

3. 将葡萄柚放入炸锅中，以 200℃烘烤 8 分钟，烤至表面的二砂糖熔化即可。

编者注：* 蔗糖第一次结晶后所产的糖，具有焦糖色泽与香味。

 将葡萄柚果肉挖出时须小心，果皮一旦挖破，烘烤过程中汁液会流出来。

170℃
3 分钟
∨
150℃
5▸3 分钟

RECIPE 118

烤奶油酥条

材料（2 人份）

吐司 2 片
无盐黄油（或花生酱、
大蒜面包酱）适量

调味料
白砂糖适量

做法 ————————————

1. 将无盐黄油（或花生酱、大蒜面包酱），放入微波炉按 2 次 10 秒加热，分次熔化黄油。

2. 将 2 片吐司平铺，将黄油或抹酱涂抹在吐司片表面，将两片吐司合在一起，以 1.5cm 为间隔切成条状。

3. 将切好的条状吐司平整地放入炸锅，以 170℃烤 3 分钟后，打开炸锅将酥条两面分开，并均匀地撒上白砂糖，再以 150℃烤 5 分钟，拉开翻面续烤 3 分钟。

200℃
约 8 分钟

黑糖奶油爆米花

材料（2 人份）

爆米花玉米粒 1/5 米杯（爆米花专用）
黄油 50g
黑糖粉或块 30g
蜂蜜 30g

做法 ——————————————————————————

1. 将爆米花玉米粒放入炸锅中，并在上面放置烤架以防喷飞。

2. 以 200℃烤 5 ~ 8 分钟，等爆米花没有持续爆开的声音时，
   就可以关掉开关。

3. 将黄油、黑糖粉（块）及蜂蜜，放入炒锅中，以小火炒出焦
   糖色。

4. 将爆好的爆米花倒入炒锅中，与黑糖黄油均匀搅拌，让黑糖
   附着在爆米花上。

5. 放凉静置约 5 分钟，即可享用。

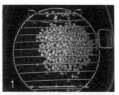

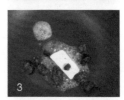

 Tips 爆米花在爆开时会往上弹，所以一定要放烤架压住它，避
免它弹到炸锅上方的加热管里，卡住烧焦就危险了！

⏱
180℃
约 4 分钟

花好月圆

材料（2～3人份）

汤圆 300g
橄榄油适量（喷油用）

花生糖粉
花生粉 4 大匙
糖粉 2 大匙

裹粉
马铃薯淀粉

做法 ——————————————

1. 汤圆滚上一点马铃薯淀粉、喷上些许油，在炸篮里铺上烘焙纸，以 180℃ 炸 3~4 分钟。

2. 汤圆取出以后直接滚上花生糖粉，甜度可以依自己喜好调整。

 Tips

1. 炸好的汤圆滚什么粉都可以，黄豆粉、绿豆粉、芝麻粉、海苔粉、梅子粉都可以，非常百搭。

2. 常温汤圆或者冷冻汤圆皆可直接炸制，冷冻汤圆大约以 180℃ 炸 4 分钟即可。

RECIPE 121

爆浆酥皮汤圆

180℃
5▶5 分钟

材料

芝麻汤圆数颗
花生汤圆数颗
酥皮数份

做法

1. 将酥皮退冰 10 分钟，待软化后，对切成两片，各放入 1 颗汤圆。

2. 将酥皮对折，把汤圆包覆起来，并在四周用叉子压出纹路，让酥皮黏合。

3. 将酥皮汤圆放入炸锅，以 180℃烤 5 分钟，拉出翻面再续烤 5 分钟。

(Tips) 炸好的酥皮汤圆，温度很高，小心爆浆烫口。

90℃
90 分钟

凤梨花

材料（2 人份）

凤梨 1 个

做法 ————————————————————

1. 将凤梨去皮切片。

2. 将烤架放入炸篮内，将凤梨片立放，以 90℃烤 90 分钟。

3. 装盘后放凉，即成酸甜美味的凤梨干，可以搭配自行调配的酸奶水果酱享用。

 Tips

1. 步骤 2 过程中可以翻面 1 ~ 2 次，让凤梨干烘烤得更均匀。

2. 很多水果都可以烘成干享用，风味各不相同，烘烤水果干的重点是一定要低温，不要超过 100℃，烘烤时间长短依水果含水量而定。

变化款 **苹果干**　　　　　　　　　　　　　RECIPE 123

将苹果切成薄片，越薄越好，泡盐水后沥干，摆入空气炸锅中，可以用烤架辅助，尽量不要让水果片重叠在一起，空气炸锅设定以 90℃烘烤 50 ~ 60 分钟（依分量），每 10 分钟翻面一次，让果片均匀受热，放凉后会变得酥脆香甜。

160℃
30 分钟

焦糖肉桂苹果派

材料（2人份）

苹果 1 个　　　　调味料
酥皮 4 片　　　　二砂糖少许
　　　　　　　　糖粉少许
　　　　　　　　无盐黄油 100g
　　　　　　　　肉桂粉少许
　　　　　　　　蜂蜜 20g
　　　　　　　　柠檬汁少许

做法 ————————————————————————

1. 将苹果洗干净，用小刀把内核挖出。

2. 将苹果切成薄片，放入盐水中，滴上柠檬汁备用。

3. 将 4 片酥皮黏合成一大张，并用叉子在表面上戳洞，避免加热时饼皮变形。

4. 将酥皮摆放在盘子上，裁切成容器的大小，并将苹果片依序平铺在酥皮上。

5. 将黄油、蜂蜜、肉桂粉、柠檬汁混合，以小火加热熔化搅拌均匀。

6. 在苹果派上均匀涂上步骤 5 的肉桂黄油，再均匀撒上一层薄薄的二砂糖。

7. 将苹果派放入炸锅中，以 160℃烘烤 30 分钟至表面呈焦糖色即可。

Tips

1. 起锅之后，在苹果派表面撒上一层糖粉，再用喷枪炙烧，可以产生更多的香气。

2. 如果使用铝箔容器，底下可以用叉子戳出数孔，在烘烤过程中汁液流出，底层的酥皮才不会潮湿。

180℃
────
30 分钟

RECIPE 125

炸焦糖榴莲

材料（1 人份）

带壳榴莲 1.2kg 左右

酱汁
糖粉适量
蜂蜜适量

做法 ─────────

1. 戴上手套用刀子将榴莲剖开，只取一半榴莲，果肉部分用铝箔纸包起来。

2. 将榴莲放入炸锅，以 180℃烘烤 30 分钟。

3. 完成后取出果肉，撒上一层糖粉，再以喷枪炙烧产生薄脆的焦糖。

4. 淋上些许的蜂蜜，盛盘即可。

 Tips

1. 烘烤榴莲时要小心刺会刮伤内锅，可以在接触面包上铝箔纸。

2. 烘烤好的果肉，再放入冷冻室冰镇，风味更浓郁。

著作权合同登记号：图字132020055

本著作（原书名《气炸锅好好玩料理125》）中文繁体字版本由城邦文化事业股份有限公司电脑人文化/创意市集出版在台湾出版，今独家授权福建科学技术出版社在中国大陆地区出版其中文简体字平装本版本。该出版权受法律保护，未经书面同意，任何机构与个人不得以任何形式进行复制、转载。

项目合作：锐拓传媒 copyright@rightol.com

图书在版编目（CIP）数据

低油又好吃！空气炸锅料理轻松做/徐湘珠，萧秀珊，施宜孝著. —福州：福建科学技术出版社，2021.4
（2022.11重印）
ISBN 978-7-5335-6405-6

Ⅰ.①低… Ⅱ.①徐… ②萧… ③施… Ⅲ.①油炸食品－食谱 Ⅳ.①TS972.133

中国版本图书馆CIP数据核字（2021）第039784号

书　　名	低油又好吃！空气炸锅料理轻松做	
著　　者	徐湘珠　萧秀珊　施宜孝	
出版发行	福建科学技术出版社	
社　　址	福州市东水路76号（邮编350001）	
网　　址	www.fjstp.com	
经　　销	福建新华发行（集团）有限责任公司	
印　　刷	福建省地质印刷厂	
开　　本	700毫米×1000毫米　1/16	
印　　张	13.5	
图　　文	216码	
版　　次	2021年4月第1版	
印　　次	2022年11月第3次印刷	
书　　号	ISBN 978-7-5335-6405-6	
定　　价	49.80元	

书中如有印装质量问题，可直接向本社调换